U0571698

编程语言基础——C 语言
（第 2 版）

主　编　邓来信　赵娜娜　周莉莉
副主编　郝　溪　李志芹　金　诺　高　磊
参　编　倪佑伟　李学政　徐丽芳　杨　柳　刘兆刚
主　审　姜全生　张骞鸿

北京理工大学出版社
BEIJING INSTITUTE OF TECHNOLOGY PRESS

内 容 简 介

本书是一本专为编程爱好者和程序设计人员设计的 C 语言学习指南。全书采用"项目导入+任务分解+项目复盘"的编写思路，通过 8 个项目系统展示了 C 语言程序设计的流程、步骤、技术和方法。

项目一和项目二讲解了 C 语言的编制和编译方法，以及基本数据类型的使用。项目三和项目四则深入探讨了顺序、选择和循环三大结构的应用。项目五和项目六集中讲解数组与函数的相关内容，而项目七和项目八则从不同类型指针变量的定义方法入手，帮助读者应对 C 语言程序设计中处理复杂问题的挑战。

本书不仅适合那些希望深入学习 C 语言的初学者，也为有一定基础的程序设计爱好者提供了有价值的参考资料。无论是自学还是在工作中需要应用 C 语言的设计人员，这本书都能为他们提供全面而实用的指导。

版权专有 侵权必究

图书在版编目(CIP)数据

编程语言基础：C 语言 / 邓来信，赵娜娜，周莉莉

主编. -- 2 版. -- 北京：北京理工大学出版社，2024. 6.

ISBN 978-7-5763-4166-9

Ⅰ. TP312

中国国家版本馆 CIP 数据核字第 2024XF3679 号

责任编辑：钟 博　　　文案编辑：钟 博
责任校对：刘亚男　　　责任印制：施胜娟

出版发行 / 北京理工大学出版社有限责任公司

社　　址 / 北京市丰台区四合庄路 6 号

邮　　编 / 100070

电　　话 / (010) 68914026（教材售后服务热线）

　　　　　　(010) 68944437（课件资源服务热线）

网　　址 / http://www.bitpress.com.cn

版 印 次 / 2024 年 6 月第 2 版第 1 次印刷

印　　刷 / 定州市新华印刷有限公司

开　　本 / 889 mm×1194 mm　1/16

印　　张 / 16. 5

字　　数 / 327 千字

定　　价 / 89. 00 元

前　言

随着信息技术的飞速发展，C 语言作为一种通用的计算机编程语言，其重要性日益凸显。它不仅功能强大、应用广泛，而且兼具高级编程语言和低级编程语言的双重特点，特别适用于系统软件的开发和高性能应用的实现。为了帮助编程爱好者、从业人员以及初学者全面掌握 C 语言的核心知识和实用技巧，我们精心编写了这本书。

本书从基础到高级，系统而深入地介绍了 C 语言的各个方面。书中的内容以项目为导向，通过 8 个精心设计的项目，逐步展示了 C 语言程序设计的完整流程、关键步骤、核心技术和实用方法。每个项目都围绕具体的应用场景展开，不仅帮助读者理解 C 语言的基础理论，更重要的是通过实践操作，培养读者的编程能力和解决问题的思维方式。

本书的特色在于将理论与实践紧密结合。书中的案例和习题经过精心挑选，涵盖了从简单到复杂的各种编程任务。通过对这些案例的深入分析和实践操作，读者可以逐步掌握 C 语言程序的编制和编译方法，深入理解常量、变量的使用，掌握复杂表达式的运算技巧，以及灵活应用顺序、选择、循环三大结构。此外，书中还详细讲解了数组、函数、指针等高级概念，帮助读者在理解的基础上，运用 C 语言解决实际问题。

为了更好地支持读者的学习，本书还配备了丰富的学习资源。除了详细的代码示例和清晰的操作步骤外，本书还提供了针对不同学习阶段的练习题和项目任务，帮助读者巩固所学知识，提升实际编程能力。每个项目结束后，读者都可以通过复盘任务，对项目中遇到的难点进行反思，总结经验，从而不断提高自己的编程水平。

本书不仅适合编程初学者，也为有一定经验的开发人员提供了一个进阶学习的平台。通过系统的学习，读者能够掌握 C 语言的核心技能，并在工作中灵活运用，解决复杂的编程问题。同时，本书也为那些希望提升逻辑思维能力和编程技能的读者提供了宝贵的资源。

我们希望这本书能成为你学习 C 语言的得力助手，不仅帮助你掌握编程技术，更能激发你对编程的兴趣和热情，让你在编程的道路上不断前行，解决实际问题，并为未来的职业发展打下坚实的基础。

目录

项目一

初入 C 域——
C 语言及其程序设计

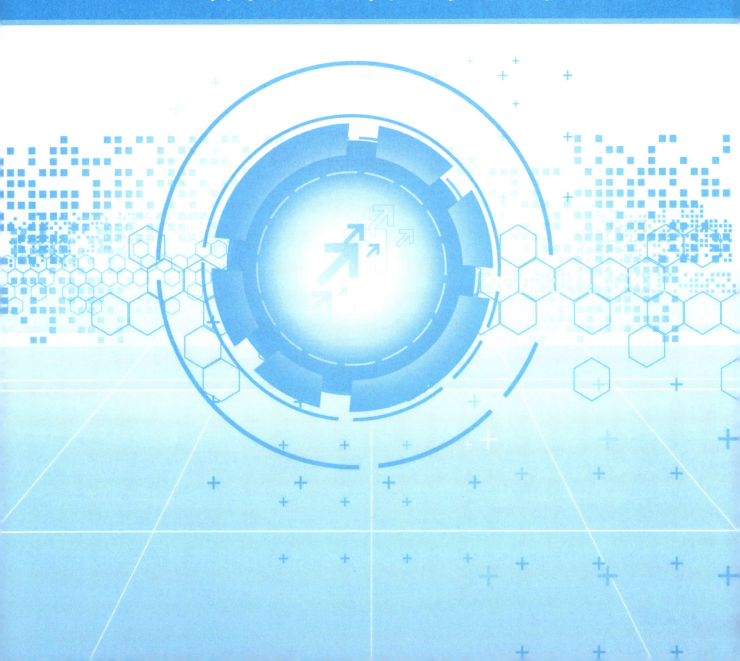

项目描述

通过一个简单 C 程序的编辑、编译、执行过程,使学生掌握在 Dev-C++中执行 C 程序的技能。

项目目标

(1)了解 C 语言的产生、发展和特点。

(2)掌握 Dev-C++的安装及使用步骤。

(3)根据要求,编写出自己的第一个 C 程序。

项目规划

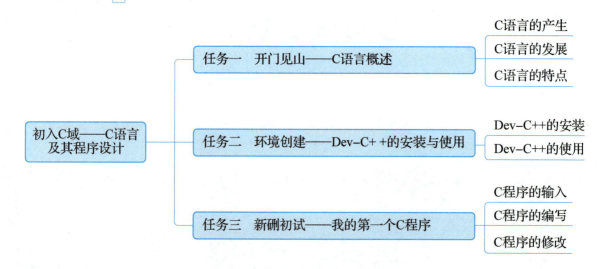

任务一
开门见山——C 语言概述

📖 任务描述

在人类的语言中，无论是汉语还是其他国家的语言，都有各自固定的语法格式和固定的词汇。同样，我们与计算机进行交流时使用的是计算机语言，即编程语言。撰写编程语言的过程即"编程"。习近平总书记强调，"科技兴则民族兴，科技强则国家强"。新一代人工智能的蓬勃发展为我国经济社会发展注入新的动能，编程则是实现人工智能的基石之一。众所周知，C 语言是发展比较早的编程语言，它自诞生以来就以强大的功能和灵活性受到广大程序员的青睐，在操作系统、数据库、网络通信、嵌入式系统等领域都有广泛的应用。让我们一起走进 C 语言的世界吧！

💡 任务分析

要对 C 语言进行全面的了解，需要了解 C 语言产生的背景、发展和完善历程。目前市面上编程语言很多，不同的编程语言在不同的应用领域有其各自的优势。请同学们根据分析，搜集相关资料，思考以下问题。

(1)C 语言是由谁、在哪儿发明的？

_____

_____

(2)C 语言经历了哪几个发展历程？

_____

_____

(3)C 语言的哪些特点让其在编程界如此流行？

_____

_____

📖 任务分组

按照 5 人一组，将班级学生进行分组，分别代表组长、任务汇报员、信息资料整理员、

代码汇错员、程序操作员。要求分工明确，轮流安排组长，给每个人提供组织协调的平台，注意培养学生的团队合作能力。学生任务分组表见表1-1。

表1-1　学生任务分组表

班级		组号		任务	
组员	学号	角色分配		工作内容	

 **任务准备**

1.1　C 语言的产生和发展

计算机的硬件通常有两种稳定状态：开(或称为高电平)和关(或称为低电平)。这两种状态正好可以对应二进制中的 1 和 0。具体来说，1 代表有电流通过或者高电平，0 代表没有电流通过或者低电平。基于这种计算机硬件工作原理，将计算机执行的指令用 1 和 0 组成的序列表示。在 20 世纪四五十年代，程序员需要知道每组二进制序列代码的含义，因此，当程序的规模越来越大时，使用机器指令编程会很麻烦。于是，在 20 世纪 50 年代，IBM 公司推出了第一种汇编语言，使用英文单词和助记符来代替二进制序列代码，提高了程序的可读性和可维护性。汇编语言具有可读性和可移植性差的缺点，于是更接近自然语言的高级语言应运而生。FORTRAN 是有记录的最早的高级语言，后期比较常用的高级语言有 C、C++、Python、Java 等。其中，C 语言的诞生对计算机科学的发展产生了深远的影响，它不仅推动了 UNIX 操作系统的发展和完善，还成为许多其他编程语言的基础。

C 语言的主体在 1972—1973 年完成。Dennis Ritchie(被誉为 UNIX 之父和 C 语言之父)在 B 语言的基础上，克服了 B 语言过于简单、功能有限、数据无类型、难以满足 UNIX 操作系统进一步发展等缺点，设计出了 C 语言。

随着 UNIX 操作系统的成功，C 语言逐渐成为编写操作系统和应用软件的主要语言。在 20 世纪七八十年代，C 语言被广泛应用(从大型主机到小型微机)，也衍生了 C 语言的很多不同版本。

为了统一 C 语言版本，1983 年美国国家标准学会(ANSI)成立了一个委员会来制定 C 语言标准，该标准被称为 ANSI C。此后，C 语言标准不断更新和完善，1990 年又出现了 ISO C

标准，目前流行的 C 编译系统都以该标准为基础。

1.2　C 语言的特点

C 语言之所以被广泛使用，主要是因为它具有功能强大、使用灵活的特点。

C 语言具有以下特点。

(1)简洁紧凑，使用灵活方便。C 语言一共仅有 32 个关键字(后续逐一介绍)、9 种控制语句，书写规则少且主要使用小写字母。

(2)运算符丰富、易理解。C 语言包含 34 个运算符(见附录 2)，大多数运算符类似数学运算符，易于掌握。这使 C 语言的运算类型丰富，表达式类型多样，同时易于实现其他高级编程语言难以实现的运算。

(3)数据类型构成简单、组成丰富。C 语言有 3 个基本数据类型：字符型、整型、实型。C 语言有 4 个构造类型：数组、结构体、共用体、枚举类型。它们均是由 3 个基本数据类型组成的新类型。C 语言还具有能够使程序效率更高的且与基本数据类型和构造类型息息相关的指针类型，以及表示无返回值的空类型。

(4)结构化、模块化。结构化指代码与数据分离，除了必要的信息交流外二者彼此独立。结构化使程序层次清晰、便于维护和调试。模块化指 C 语言为用户提供可独立编写、可互相调用的函数模块，方便多人合作。

(5)语法限制不太严格，程序设计自由度加大。C 语言对数组下标不做越界检查，变量类型使用比较灵活。与其他高级语言相比，C 语言具有更大的自由度，但是这也需要程序员仔细检查程序，确保其正确性。

(6)C 语言兼有高级语言和低级语言的特点，既能直接操作硬件，又能如汇编语言一样对"位""字节""地址"进行操作。这使它既可以用来编写系统软件，又可以作为通用的程序设计语言。

(7)生成目标代码质量高，程序执行率高。

(8)适用范围广，可移植性好。C 语言适用于多种操作系统、多种机型。

小试牛刀(扫描右方二维码查看答案)

C 语言由以下哪种语言发展演变而来？(　　　)

A．Java 语言　　　　　　　　　　　　B．FORTRAN 语言

C．B 语言　　　　　　　　　　　　　　D．汇编语言

【二维码 1-1-1】

任务实施

C 语言的产生、发展和特点可总结归纳为图 1-1。

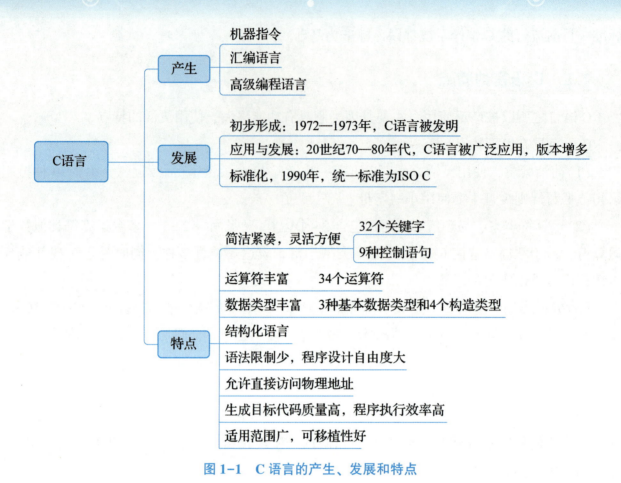

图 1-1　C 语言的产生、发展和特点

💻 **任务总结**

(1)记录易错点。

_____

_____

(2)通过完成以上任务,你有哪些心得体会?

_____

_____

任务二
环境创建——Dev-C++的安装与使用

任务描述

自己下载 Dev-C++安装包并完成安装，运行一个简单的 C 程序，了解 C 程序的执行过程。

任务分析

下载 Dev-C++安装包，选择安装目录，运行 C 程序，保证 C 程序顺利运行。在这个过程中，了解 C 程序运行的几个阶段。

请同学们根据分析，搜集相关资料，思考以下问题。

（1）Dev-C++对计算机的操作系统有什么要求？

_____

_____

（2）如何选择安装 Dev-C++的目录？

_____

_____

（3）如何将 Dev-C++的英文主菜单转换成中文主菜单？

_____

_____

（4）运行一个 C 程序包括哪几个阶段？

_____

_____

任务分组

按照 5 人一组，将班级学生进行分组，分别代表组长、任务汇报员、信息资料整理员、代码汇错员、程序操作员。要求分工明确，轮流安排组长，给每个人提供组织协调的平台，注意培养学生的团队合作能力。学生任务分组表见表 1-2。

表 1-2 学生任务分组表

班级		组号		任务	
组员	学号	角色分配		工作内容	

任务准备

1.3 Dev-C++开发工具

本书使用的开发工具是 Dev- C++。Dev- C++是一款非常实用的开发工具，遵守通用性公开许可证(GPL)，用户无须支付任何费用即可使用。其功能强大，易于使用，既可以运行 C 源程序，也可以运行 C++源程序，区别在于源程序的扩展名不同，如果运行的是 C 源程序，则需要将文件保存为扩展名为".c"的文件。

Dev-C++是在 Windows 平台下适合初学者和中级程序员使用的轻量级 C/C++集成开发环境(IDE)。现在该软件由 Orwell 公司开发更新，最新版本是 Dev-C++6.30。本书使用的 Dev-C++5.10 版本可运行于 64 位中文版 Windows 7 以上操作系统。

小 试 牛 刀

若要运行 C 源程序，则需将文件保存为(   )文件。

A. " * . doc"   B. " * . txt"

C. " * . c"   D. " * . exe"

[二维码 1-2-1]

任务实施(扫描右方二维码下载 Dev-C++安装包和安装流程说明)

在网络中搜索 Dev-C++5.10 安装包进行下载，下载后解压到当前文件夹，双击"Setup. exe"进行安装(图 1-2)。选择安装语言"English"，单击"确定"按钮。在"是否同意它的 License Agreement"界面，单击"I A-gree"按钮。在组件选择界面默认进行下一步。安装目录时，可进行默认目录安装，也就是在 C 盘根目录"program files"文件夹中自动新建一个"Dev-Cpp"文件夹；也可以单击"browse"按钮，自主选择在其他目录进行安装。接着选择常

[二维码 1-2-2]

用的部件，单击"Next"按钮，默认以上选项即可。

　　最后出现图 1-3 所示界面，单击"Finish"按钮，至此 Dev-C++安装完成。

图 1-2　双击"Setup. exe"进行安装

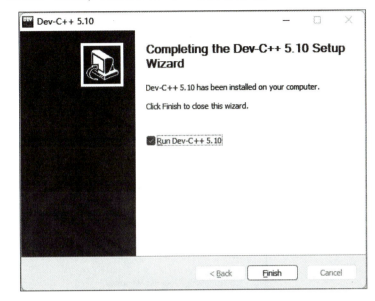

图 1-3　安装完成界面

　　对于很多入门级的学生来说，软件专业中英语的认读还有一定难度，因此在安装完成后，将英文主菜单转换成中文主菜单。首先在菜单栏中选择"Tools"→"Environment Options"选项，在弹出的对话框"General"（通用）选项卡的"Language"（语言）下拉列表中选择"简体中文/Chinese"选项，单击"OK"按钮即可（图 1-4、图 1-5）。

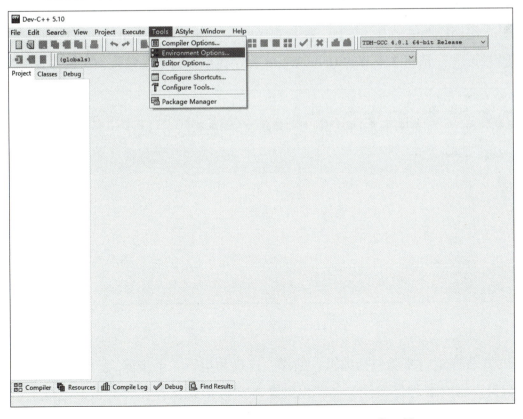

图 1-4　Tools 中选择 Environment Option 开发环境

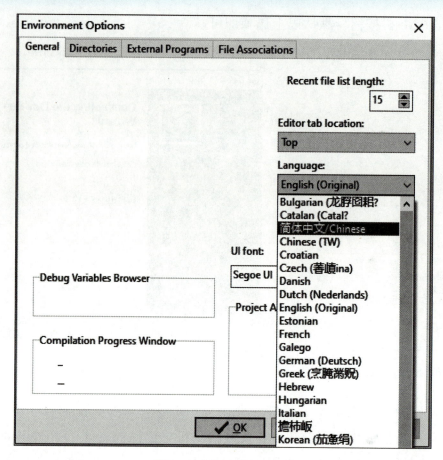

图1-5　选择简体中文

安装结束后，观察Dev-C++界面(图1-6)。在编辑窗口部分可以输入或修改C源程序，消息窗口显示编译或调试的有关信息。执行程序时，系统会自动输出程序运行的秒数，并提示"按任意键继续…"。请将1.4节的Hello World程序在编辑窗口中输入，调试并观察界面变化。

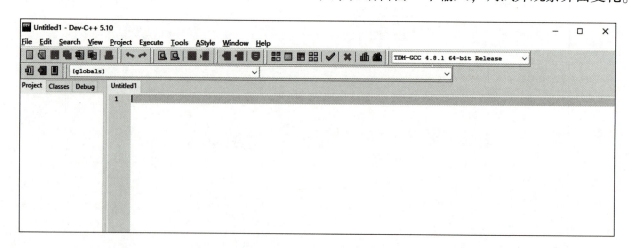

图1-6　Dev-C++编辑窗口

完整的C程序运行步骤包括编辑、编译、连接和运行4个步骤。

(1)编辑。将C源程序文件"*.c"以纯文本文件形式保存在计算机的磁盘上(不能设置字体、字号等）。

（2）编译。编译过程使用 C 语言编译程序将编辑好的 C 源程序文件"∗.c"翻译成二进制目标代码文件"∗.obj"。C 语言编译程序对 C 源程序逐句检查语法错误。

（3）连接。将编译生成的各个目标程序模块和系统或第三方提供的库函数"∗.lib"连接在一起，生成可以脱离开发环境、直接在操作系统中运行的可执行文件"∗.exe"。

（4）运行。可执行文件"∗.exe"，即 C 程序在操作系统中运行。

图 1-7 所示是一个 C 程序运行流程。从编辑 C 源程序开始，再进行编译、连接，如果经过测试，运行可执行文件达到预期设计目的，则 C 程序的开发工作便到此完成。如果可执行文件运行出错，这说明 C 程序的逻辑存在问题，需要再次回到编辑环境针对 C 程序出现的逻辑错误进行进一步检查，修改 C 源程序，重复编辑→编译→连接→运行的过程，直到取得预期结果为止。

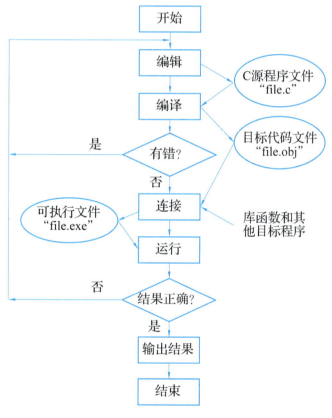

图 1-7　C 程序运行流程

💻 任务总结

（1）记录易错点。

(2)通过完成以上任务,你有哪些心得体会?

_____

_____

任务三
新硎初试——我的第一个 C 程序

任务描述

1978 年,布莱恩·柯林汉写了一本名叫"C 程序设计语言"的编程书,在程序员中广为流传。他在这本书中第一次引用 Hello World 程序,打印输出"Hello World"。对每一位程序员来说,这个程序几乎是每一门编程语言学习中的第一个示例程序。这个程序在一定程度上具有特殊的象征意义。在过去的几十年间,以这个程序入门学习编程语言已经渐渐地演化成一个久负盛名的传统。现在我们沿着先辈们的足迹来完成属于自己的第一个 C 程序。

任务分组

按照 5 人一组,将班级学生进行分组,分别代表组长、任务汇报员、信息资料整理员、代码汇错员、程序操作员。要求分工明确,轮流安排组长,给每个人提供组织协调的平台,注意培养学生的团队合作能力。学生任务分组表见表 1-3。

表 1-3　学生任务分组表

班级		组号		任务	
组员	学号	角色分配		工作内容	

 **任务准备**

1.4　著名的 Hello World 程序

著名的 Hello World 程序的要求是在屏幕上输出"Hello，World!"。

例 1-1

```
#include<stdio.h>              //头文件 stdio.h
main()                         //主函数 main()
{
    printf("Hello World!");    //输出 Hello World!
}
```

以"#"开头的是预处理指令，#include 命令的作用是使 C 编译器包含某个特定文件的内容，在这里包含一个名为"stdio.h"的头文件，该文件内含输出函数 printf() 功能的定义，还有其他头文件，不同头文件定义不同的函数功能。程序中的 main 表示主函数，每个 C 程序都必须有且只能有一个 main() 函数。函数体由大括号括起来，其内容是该函数要执行的若干条语句，是函数的具体功能，大括号即函数开始和结束的标志。

有的程序不仅有主函数 main()，还有其他函数，称为子函数。如下面的程序。

例 1-2　求两个整数的和并输出结果。

```
#include<stdio.h>
int sum(int x,int y)           //子函数 sum()
{
    int z;
    z=x+y;                     //子函数功能为求两个数之和
    return z;
}
main()                         //主函数 main(),是程序的开始
{
    int a,b,c;                 //相当于注册三个变量
    scanf("% d% d",&a,&b);     //为两个变量输入整数
    c=sum(a,b);                //调用子函数求两数之和
    printf("sum = % d\n",c);   //输出结果
}
```

这个程序显然比第一个程序复杂得多。主函数体内的"c=sum(a，b);"的作用是调用子函数 sum()，调用时将实际参数 a 和 b 的值传递给子函数的形式参数 x 和 y，此时程序将转到子函数 sum() 中。子函数 sum() 的作用是求两个整数的和 z，并且将 z 的值返回到主函数 main() 中的调用函数 sum(a，b)，最后将该函数的值赋给变量 c。

小(试)牛(刀)(扫描右方二维码查看答案)

在例 1-2 的程序中输入"5 6",输出：_____

【二维码 1-3-1】

认真观察上面的两个 C 程序，可以发现 C 语言结构的 3 个特点。

(1)函数与主函数。

C 程序由一个或多个函数组成，任何一个 C 程序必须有且只能有一个主函数 main( )，它可以放在 C 程序中的任意位置，但 C 程序永远从 main( ) 函数开始执行，在 main( ) 函数中结束，其他函数通过嵌套调用得以执行。

(2)程序语句。

函数体内可以包含变量定义和函数说明等语句，每条语句均以分号结束，但这并不表示每一行末尾都需要加上分号。

(3)注释行从"//"开始到本行结束。连续若干注释行可以以"/ *"开始，并以" * /"结束。注释是为了说明某语句或语句段的作用，它不影响程序的运行，不会产生编译代码。

任务实施

在例 1-2 的程序中，"printf("sum = %d \n"，c)"中的"\n"表示执行完输出语句后换行，即光标停在下一行。可以多次调用 printf( ) 函数，以输出多个字符串，也可以将输出若干字符串的语句写在一个输出函数中，如"printf("中国 \n 山东 \n")"。

下面编写一个 C 程序输出如下字符串：

富强、民主、文明、和谐

自由、平等、公正、法制

爱国、敬业、诚信、友善

——社会主义核心价值观

```
#include _____
_____
{printf("_____ \n");
    _____
    _____
    _____
}
```

在 D 盘创建项目，输入上面的代码并调试、运行。(扫描右方二维码查看完整程序)

编程的基本技能是书写正确。编程时经常出现的错误可概括为两种：物理错误和逻辑错误。物理错误大多是拼写错误，如将 getchar 错写

【二维码 1-3-2】

为 gatchar(或大小写错误)，或将英文标点错写为中文标点等；逻辑错误是指程序运行结果与要求不符，如想要输出较大数，却输出了较小数等。

任务总结

(1)记录易错点。

_____

_____

(2)通过完成以上任务，你有哪些心得体会？

_____

_____

项目复盘

通过个人自评、小组互评、教师点评，从三方面对本项目内容的学习掌握情况进行评价，并完成考核评价表。考核评价表见表 1-4。

表 1-4 考核评价表

序号	评价项目	评价内容	分值	自评(30%)	互评(30%)	师评(40%)	合计
1	职业素养(30 分)	分工合理，制订计划能力强，严谨认真	5				
		爱岗敬业，具有安全意识、责任意识、服从意识、环保意识	5				
		能进行团队合作，与同学交流沟通、互相协作、分享能力	5				
		遵守行业规范、现场 6S 标准	5				
		主动性强，保质保量完成工作页相关任务	5				
		能采取多样化手段收集信息、解决问题	5				
2	专业能力(60 分)	了解 C 语言程序的产生、发展和特点	10				
		会安装运行 C 语言软件	20				
		会输入并运行自己的第一个 C 程序	30				
3	创新意识(10)分	创新性思维和行动	10				
	合计		100				
评价人签名：					时间：		

项目达标检测 （扫描右方二维码查看答案）

一、选择题

1. 计算机能直接执行的程序是(　　)。

A. 源程序　　　　　　　　　B. 目标程序

C. 汇编程序　　　　　　　　D. 可执行程序

【项目一达标检测二维码】

2. 以下有关主函数的书写中，正确的是(　　)。

A. MAIN　　　　B. main　　　　C. main( )　　　　D. Main( )

3. 以下错误的注释格式是(　　)。

A. //注释内容　　　　　　　B. /*　　注释内容　　*/

C. /*注释内容*/　　　　　　D. &.&.注释内容

4. 以下语句中错误使用换行符的是(　　)。

A. printf("hello! \n");　　　　　B. printf(" \ nhello! \n");

C. printf("hello! /n");　　　　　D. printf("hello! \n \n");

二、程序改错题

找出下面程序中的错误之处并改正。

```
#incdude "stdio.h"           //改正:_____
mian()                       //改正:_____
{
    print("我的第一个C程序 \n");   //改正:_____
}
```

三、程序设计题

编写程序输出图1-8所示图形。

```
          *
        * * *
      * * * * *
    * * * * * * *
```

【项目一所有答案解析】

图1-8　程序设计题图

项目二

动力航天——基本数据类型与简单程序设计

项目描述

　　程序设计的目的是通过程序解决实际问题，培养学生的程序设计、实现及调试能力。在程序设计中，必须掌握数据类型、运算符和表达式、数据输入/输出等的概念和用法。

　　党的二十大报告指出，教育、科技、人才是全面建设社会主义现代化国家的基础性、战略性支撑。必须坚持科技是第一生产力。我国航天科技实现跨越式发展，航天发射能力显著提升，航天强国建设迈出坚实步伐。本项目以中国航天为主线，通过命名宇宙飞船，加强对数据类型、标识符的认识；以任务"庆祝神舟十七号载人飞船"发射圆满成功强化基本变量、常见常量知识内容；在理解掌握数据的格式化输入/输出的基础上，运用任务"你最喜欢的航天员"夯实输入/输出格式、格式符等基础知识；最后以任务"计算宇宙飞船牵引力"将C语言中的运算符、表达式、常用的数学函数内容串联起来。从最简单的标识符命名开始，以程序设计为主线，由浅入深，由简单到复杂，结合实际，自然地、循序渐进地编写程序。

项目目标

　　(1)了解C语言的基本数据类型，理解常量和变量的定义。

　　(2)掌握赋值语句以及数据输入、输出语句的用法，理解运算符、表达式及常用函数的用法。

　　(3)掌握编写程序的思路和方法，能够依据现实情况完成简单程序的编写。

　　(4)通过案例引用，激发学生的学习兴趣，培养科学精神、创新意识和实践能力。

项目规划

```
                        ┌─ 任务一　命名宇宙飞船——数据的表现形式 ─┬─ C语言的基本数据类型
                        │                                          └─ 标识符和关键字
                        │
                        ├─ 任务二　庆祝神舟十七号载人飞船发射圆满 ─┬─ 数据的表现形式：常量
动力航天——基本数据 ─┤        成功——数据的表现形式          └─ 数据的表现形式：变量
类型与简单程序设计      │
                        │                                          ┌─ 字符输入/输出
                        ├─ 任务三　你最喜欢的航天员——C语言输入/ ─┼─ 格式化输出函数printf( )
                        │        输出函数                          └─ 格式化输入函数scanf( )
                        │
                        └─ 任务四　计算宇宙飞船牵引力——运算符和 ─┬─ 运算符和表达式
                                 表达式                            └─ 常用的数学函数
```

任务一

命名宇宙飞船——数据的表现形式

任务描述

中国空间站叫作"天宫"，核心舱叫作"天和"，货运飞船叫作"天舟"，载人飞船叫作"神舟"，实验舱叫作"问天""梦天"，中国航天人把探索浩瀚宇宙的心愿都寄托在航天器的美好名称上，中国航天命名充满"中式浪漫"的诗意。阅读表2-1中的内容，用所学知识为表中"数据"列的数据设计标识符，并完成表2-1。

表2-1　数据类型和标识符(1)

语境	数据	数据类型	类型标识符	自定义标识符
截至2024年3月，神舟十七号乘组太空出差日程过半，入驻空间站4个月来，他们先后进行了2次出舱活动，陆续开展了舱外载荷安装及空间站维护维修等相关工作	神舟十七号			
	4个月			
	2次			
	空间站			

任务分析

在本任务中，通过阅读神舟十七号乘组两次出舱活动的内容，获得以下几个关键词："神舟十七号""空间站"作为词组，"4 个月""2 次出舱活动"中的"4"和"2"作为数字。词组、语句或者数字，在 C 语言中是如何定义的呢？它们属于什么数据类型？如何命名这些数据，以便与其他内容区别？

任务分组

按照 5 人一组，将班级学生进行分组，分别代表组长、任务汇报员、信息资料整理员、代码汇错员、程序操作员。要求分工明确，轮流安排组长，给每个人提供组织协调的平台，注意培养学生的团队合作能力。学生任务分组表见表 2-2。

表 2-2　学生任务分组表

班级		组号		任务	
组员	学号	角色分配		工作内容	

任务准备

2.1　基本数据类型

在现实生活中会遇到不同类型的数据，例如数据有整数和实数之分、单个字符和字符串之分。

截至 2022 年，长二丁火箭在 30 多年的征程中，取得了 62 次任务全胜的战绩。在长征系列运载火箭执行的第一个 100 次发射任务中，长二丁火箭的发射次数占比不到 0.1；在如今第四个 100 次发射任务中，长二丁火箭的发射次数占比已经超过 0.16，成为长征火箭家族当之无愧的主力火箭之一。

上述描述中，"长二丁火箭"、30、62、100、0.1、0.16 属于不同的数据类型，其中"长二丁火箭"是字符串类型(类型标识符为 string)，30、62、100 属于整型数据，0.1、0.16 可以定义为浮点型或者双精度浮点型数据。下面介绍 C 语言的常用标准数据类型，见表 2-3。

表 2-3　C 语言的常用标准数据类型

类型标识符	名　　称	字节数	范　　围
char	字符型	1	$-2^7 \sim +2^7-1$（$-128 \sim +127$）
short	短整型	2	$-2^{15} \sim +2^{15}-1$（$-32\ 768 \sim 32\ 767$）
int 或 long	长整型	4	$-2^{31} \sim +2^{31}-1$（$-2\ 147\ 483\ 648 \sim 2\ 147\ 483\ 647$）
float	浮点型（实型）	4	$10^{-37} \sim 10^{+38}$（绝对值）
double	双精度浮点型	8	$10^{-307} \sim 10^{+308}$（绝对值）

在 Dev-C++或 Visual C 中，int 等同于 long；在 WinTC 中，int 等同于 short。

如何衡量数据类型所占空间大小呢？字符型数据所占空间为 1 个字节，1 个字节也叫作 1 Byte，比字节占用空间还小的是 bit，也就是位。

（1）Byte，中文叫法：字节。

（2）Kilobyte（KB），中文叫法：千字节。

（3）Megabyte（MB），中文叫法：兆字节。

（4）Gigabyte（GB），中文叫法：吉字节。

（5）Terabyte（TB），中文叫法：太字节。

具体换算关系如下。

1 TB = = 1 024 GB。

1 GB = = 1 024 MB。

1 MB = = 1 024 KB。

1 KB = = 1 024 B。

1 Byte = = 8 bit。

一个位只能是"0"或者"1"，这叫作二进制。一个字节可以保存一个字符（如英文字母、数字、符号），它用于存放 ASCII（美国标准信息交换码）编码（附录 1），可以表示 0~255 的正整数。一个汉字占两个字符（字节）的空间。

4 种类型修饰符如下。

（1）signed——可以修饰 int、char，例如有符号整型 signed int。int 默认有符号整数，char 默认为无符号。

（2）unsigned——可以修饰 int、char，例如无符号整型 unsigned int。

（3）long——可以修饰 int、double，例如长整型 long int。

（4）short——可以修饰 int，例如短整型 short int。

2.2　标识符和关键字

你认识图 2-1 中的事物或人吗？图 2-1(a)所示是火箭，图 2-1(b)所示是宇宙飞船，图 2-1(c)所示是航天员翟志刚，他曾两次远航太空。每个人都有自己的名字，不同的事物也有其特有的名称，不管是名字还是名称，都是用来区别于其他人或事物的符号。在 C 语言中，起到同样作用的是标识符。

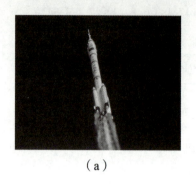 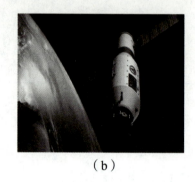 

(a)　　　　　　　　　　　(b)　　　　　　　　　(c)

图 2-1　火箭、宇宙飞船、宇航员

(a)火箭；(b)宇宙飞船；(c)航天员

2.2.1　标识符

标识符包括保留标识符和自定义标识符，其中自定义标识符是程序员用来表示各种程序元素的符号。

标识符命名规则如下。

(1)只能由英文字母、数字和下划线组成，且第一位必须是英文字母或下划线。

(2)大、小写是不同的字符，例如 C≠c。

(3)不能用关键字和保留标识符(例如标准库函数名称)作为自定义标识符。

(4)一个标识符中不允许有空格、+、-等其他特殊符号。

(5)长度任意，最好见名知义，例如表示"宇宙飞船"的标识符可以使用英文单词 Spaceship 或者汉语拼音的缩写 YZFC。

2.2.2　关键字

关键字又称为保留字，是由 C 语言定义的具有特定含义的单词。每个关键字都有其特定含义，不能另作他用，不能用来作为变量名或函数名等。在 C 语言中，共有 32 个关键字，请扫描右方二维码查看。这些关键字在编程软件中可以被设置为用户所喜欢的颜色。

小试牛刀

1. short 短整型占(　　　)字节。

A. 4　　　　　　　　　　　　　　B. 8

C. 2　　　　　　　　　　　　　　D. 1

【二维码 2-2-1】

2. 以下不能作为自定义标识符的是(　　　)。

A. Main　　　　　　　B. _0　　　　　　　　C. _int　　　　　　　D. sizeof

3. 如何为"神舟十七号"定义标识符呢？除了 shenzhoushiqihao、shenzhou17 、shzh_17，你还能想出其他标识符名称吗？

任务实施

将表 2-1 补充完整，见表 2-4。

表 2-4　数据类型和标识符(2)

语境	数据	数据类型	类型标识符	自定义标识符
截至 2024 年 3 月，神舟十七号乘组太空出差日程过半，入驻空间站 4 个月来，他们先后进行了 2 次出舱活动，陆续开展了舱外载荷安装及空间站维护维修等相关工作	神舟十七号	字符串	string	Shzh_17
	4 个月	短整型	short	T_4
	2 次	短整型	short	Nm_2
	空间站	字符串	string	Kongjzh

注：其他满足命名规则的自定义标识符也可以使用。

任务总结

(1)记录易错点。

_____

_____

(2)通过完成以上任务，你有哪些心得体会？

_____

_____

任务拓展

判断以下自定义标识符是否正确。

myVariable	a+c	name-score
9pins	testing1-2-3	x&y
MYVARIABLE	._myvariable	INT
i	$myvariable	int

【二维码 2-2-2】

任务二
庆祝神舟十七号载人飞船发射
圆满成功——数据的表现形式

任务描述

2023 年 10 月 26 日 11 时 14 分，搭载神舟十七号载人飞船的长征二号 F 遥十七运载火箭在酒泉卫星发射中心点火发射，约 10 分钟后，神舟十七号载人飞船与火箭成功分离，进入预定轨道，宇航员乘组状态良好，发射取得圆满成功。为了庆祝神舟十七号载人飞船发射圆满成功，输出以下内容。

庆祝神舟十七发射圆满成功！

I LOVE CHINA！

神舟十七的发射是我国载人航天工程立项以来的第 30 次飞行任务，也是我国第 12 次载人飞行任务，本次载人发射的长征二号 F 遥十七运载火箭飞行的可靠性指标提升至 0.989 6，安全性指标达到 0.999 96。

任务分析

在任务描述的输出内容中，"神舟十七"出现两次，可以用自定义标识符起一个标识名称，在输出内容中有整数 30，浮点数 0.989 6、0.999 96，还有英文字符"I LOVE CHINA"可以用英文字符串进行表示，这些都需要定义为变量，定义后才可使用，最后用 printf 语句输出。

任务分组

按照 5 人一组，将班级学生进行分组，分别代表组长、任务汇报员、信息资料整理员、代码汇错员、程序操作员。要求分工明确，轮流安排组长，给每个人提供组织协调的平台，注意培养学生的团队合作能力。学生任务分组表见表 2-5。

表 2-5　学生任务分组表

班级		组号			任务	
组员	学号		角色分配		工作内容	

任务准备

2.3　常量

2.3.1　常量和符号常量

常量就是指在程序运行的整个过程中，其值始终不变的量。常量是只能被引用，不能被重新赋值的数据。

常量可用标识符表示，称为符号常量，它的值在作用域内不能改变，也不能被赋值。

符号常量的定义形式为：#define　标识符　字符串

（1）#：表示一条预处理命令。

（2）define：是关键字。

（3）标识符：是用户自己定义的。

注意：字符串后面不能有分号，否则编译时会报错。

例如：

#define PI 3.1415926。

此后，只要是在文件中出现的 3.1415926 均可用 PI 表示

2.3.2　整型常量

整型常量又称为整数，整型常量有 3 种数值表现形式，见表 2-6。

表 2-6　整型常量的数值表现形式

类型	开头或结尾	单个字符范围	举例
十进制整型常量	没有前缀	0~9	9，1，2
八进制整型常量	有前缀 0	0~7	045，076

类型	开头或结尾	单个字符范围	举例
十六进制整型常量	有前缀 0x	0~9，A~F 或 a~f	0x80，0x8F
long 型十进制整型常量	以 l 或 L 结尾	0~9	0L，1L

八进制整型常量、十进制整型常量、十六进制整型常量的相互转换关系如下。

$0144 = 100$ $1×8^2+2×8^1+4×8^0=100$；

$0x64 = 100$ $6×16^1+4×16^0=100$。

在计算机中，整型常量按以下格式字符进行输出，见表 2-7。

表 2-7　以格式字符输出整型常量

格式字符	含义
%d	按十进制整数形式输出
%o	按八进制无前缀整数形式输出
%x	按十六进制无前缀整数形式输出
%#o	按八进制有前缀整数形式输出
%#x	按十六进制有前缀整数形式输出

为了说明整型常量的 3 种数值表现形式及其相互关系，请看下面的示例。

```
#include<stdio.h>
main()
{
    printf("%d,%o,%x \n",100,100,100);
    printf("%d,%#o,%#x",100,100,100);
}
```

运行结果如图 2-2 所示。

```
100,144,64
100,0144,0x64
--------------------------------
Process exited after 0.525 seconds with return value 0
请按任意键继续. . .
```

图 2-2　运行结果

2.3.3　实型(浮点型)常量

实型常量在生活中随处可见，例如发票上的金额、仪表盘上的温/湿度、营收数据等。C 语言用实型常量表示实数，也称为浮点数，它是由整数部分、小数部分和小数点组成的。

实型常量分为 float 和 double 两类，默认是双精度(double)浮点型。

在 C 语言中，实型常量有两种数值表现形式，见表 2-8。

表 2-8　实型常量的数值表现形式示例

十进制小数形式	−630.5	38.2	0.0314
指数形式(科学记数法)	−6.305e+2	3.82e1	3.14e−2

1. 十进制小数形式

组成：数字、小数点、"+"/"−"符号。小数点必须有，但不能只有一个小数点。

如果绝对值小于 1，则小数点前的 0 可以省略。

以下十进制小数合法：.123，1.，25.6，−72.8，99.，0.0 等。

说明：在十进制小数形式中，小数点前部分和后部分均可省略。

例如：2.0 可写成 2.，0.2 可写成 .2。

2. 指数形式(科学记数法)

一般形式：a e(或 E) n(a 表示十进制数，n 表示指数)→　$a \times 10^n$。

字母 e(或 E)前后必须有数字，且后面的数字必须是整数，各部分彼此之间不得有空格。

例如：1.34E1.2，.E2 是非法的浮点数。

在 C 语言中，按十进制小数形式输出浮点数时使用格式符%f，按指数形式输出浮点数时使用格式符%e。例如，输出以下整型常量。

```
#include<stdio.h>
main(){
    printf("A1=%f,A2=%e \n",123.4,123.4);
    printf("B=%e \n",0.01234);
}
```

运行结果如图 2-3 所示。

```
A1=123.400000,A2=1.234000e+002
B=1.234000e-002
--------------------------------
Process exited after 0.2943 seconds with return value 0
请按任意键继续. . .
```

图 2-3　运行结果

2.3.4　字符常量

字符常量是用一对单引号括起来的一个字符，例如 'A'、'a'、'2'、'?'、'#'。

字符常量的特点如下。

(1)字符常量只能是单个字符，不能是多个字符。例如 'ab'、'12'是不允许的。

(2)字符常量只能用单引号括起来，不能使用双引号或其他括号。

(3)数字被定义为字符型后，就不能参与数值运算，即'5'与 5 是不同的。

(4)字符常量是以 ASCII 码的形式存储的。一个字符常量占用 1 个字节空间。

字符常量存放在内存中时，并不是字符本身，而是字符的代码，即 ASCII 码，也就是美国标准信息交换码。标准 ASCII 码有 128 个字符，每个字符对应一个 ASCII 码，编码值为 0~127。

(1)编码值 0~31 为控制字符，例如回车换行、文件结束标志、字符串结束标志等。

(2)10 个阿拉伯数字 0~9 的编码值是连续的。

(3)26 个大写字母 A~Z 的编码值是连续的，26 个小写字母 a~z 的编码值是连续的。

从表 2-9 中可以看到 A 的 ASCII 编码值为 65，它的二进制存储形式为 01000001，a 的 ASCII 编码值为 97，0 的 ASCII 编码值为 48，因此字符常量可以参与运算的。

(1)'B'-'A'=1（字符 B 的 ASCII 编码值 66 减去字符 A 的 ASCII 编码值 65 的结果为 1）。

(2)'b'-32=66（字符 b 的 ASCII 编码值 98 减去 32 等于 66，是字符 B 的 ASCII 编码值）。

(3)'c'<'d'为 true（字符 c 的 ASCII 编码值小于字符 d 的 ASCII 编码值）。

表 2-9　字符常量存储形式示例

字符常量	ASCII 编码值	二进制存储形式
'A'	65	01000001
'a'	97	01100001
'0'	48	00011000

除了以上字符常量外，一些不可显示的控制字符（例如回车符、制表符、退格符等）在程序中无法用一个一般形式的字符表示，C 语言允许用一种特殊形式的字符常量表示这些字符——以反斜杠"\"开头的字符，称为转义字符，见表 2-10。

表 2-10　转义字符及其功能

转义字符	功能
\n	换行
\v	退格
\r	回车
\f	走纸换页
\t	跳到下一个制表位(7 列)
\\	反斜线字符
\'	单引号字符
\"	双引号字符

转义字符	功能
\ddd	1~3 位八进制数表示的字符
\xdd	1~2 位十六进制数表示的字符

说明：在 C 语言中，字符需要用单引号括起来，为了区分单引号是用来表示字符还是单引号本身，需要通过加一个转义字符来表示单引号本身，双引号同理。

例如，输出内容时，转义字符 \ ' 就代表输出字符 " ' "。同理，转义字符 \" 就代表输出字符 " " "

转义字符 ' \102 ' 即八进制数 102、十进制数 66，对应 ASCII 编码值 66，即字符 B。

转义字符的使用示例如下。

```
#include <stdio.h>
main()
{printf(" \"china \" \n");
    printf("My \tCountry. \n");
    printf("I am hap \160 \x79. \n");
    printf("Hay a \b \b \b \bow are you \n");
}
```

运行结果如图 2-4 所示。

图 2-4　运行结果

在 C 语言中，在 printf( ) 函数中使用 %c 输出字符，使用 %d 输出整数。例如，输出以下常量内容。

```
#include <stdio.h>
main()
{
    printf("ch1=%c,ch2=%c \n", 'a','b');
    printf("ch1=%d,ch2=%d \n", 'a','b');
    printf("ch1=%d,ch2=%c \n", '\101','\101');
}
```

输出结果如下。

```
ch1=a, ch2=b
ch1=97, ch2=98
ch1=65, ch2=A
```

2.3.5　字符串常量

用双引号括起来的字符序列就是字符串常量，例如"hello"、"123"等。字符串常量占用的内存字节数等于字符串的长度加1，因为增加了一个字节用来存放字符'\0'，它用来标志字符串的结束。字符常量与字符串常量在内存中的存储形式示例如图2-5所示。

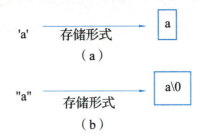

图2-5　字符常量与字符串常量在内存中的存储形式示例

(a)字符常量；(b)字符串常量

字符串"Hello"的长度为5(即字符的个数)，但在内存中所占的字节数为6，即在内存中存放了"Hello \ 0"。其在内存中的存储形式如图2-6所示。

图2-6　字符串"Hello"在内存中的存储形式

在C语言中，printf( )函数中使用%s输出字符串，使用%c输出char型字符。

字符常量与字符串常量的区别见表2-11。

表2-11　字符常量与字符串常量的区别

字符常量	字符串常量
使用单引号括起来	使用双引号括起来
表示单个字符	表示一个或多个字符
可将其赋予一个字符串常量	不能将其赋予一个字符串常量
占1个字节的内存空间	占内存字节数等于字符串中字符数加1
输出格式符为%c	输出格式符为%s

2.4　变量

在程序运行过程中，其值可以改变的量称为变量。

格式：[修饰符] 类型 变量名1，变量名2，…；

例如：

```
int x, y;                    //定义 x, y 两个整型变量
float a, b, c;               //定义 a, b, c 三个浮点型变量
```

敲黑板

(1) 类型后可以有多个变量名，之间用逗号隔开，例如"int a，b，c；"。

(2) 类型和变量名之间至少有一个空格。

(3) 最后一个变量名后必须有分号。

(4) 同一程序中，变量不允许重复定义。

(5) 在使用变量之前定义变量，一般放在函数体或语句块开头部分。

在定义变量后，在使用之前需要给变量一个初始值。

在 C 语言中，用赋值运算符"="为变量赋值。

一般先定义变量后赋值。例如：

int r;

r=1;

也可以在定义变量的同时为其赋值。例如：

int r=1;

敲黑板

如果声明变量以后没有为其赋初始值，则会产生一个"变量还未被初始化"的错误。

小试牛刀

(1) 定义 3 个 int 型变量 i、j、k 和 2 个字符型变量 c1、c2。

(2) 以下程序输出结果为_____。

```
#include <stdio.h>
main()
{
    char c = 'A';              //系统把'A'的 ASCII 代码赋给变量 c
    printf("%d  %c\n",c,c);
}
```

【二维码 2-4-1】

(3) 以下哪些是不正确的常量？(   )

098　　0x2d99　　0x3H　　034100

📋 任务实施

```
main(){
```

```
    char shenzh_17[]="神舟十七";
    char love[]="I LOVE CHINA";
    int num_fly=30;
    int num_zr=12;
    float relia=0.9896;
    float safe=0.99996;
    printf("庆祝%s发射圆满成功 \n",shenzh_17);
    printf(love);
    printf("\n");
    printf("%s的发射是我国载人航天工程立项以来的第%d次飞行任务,也是我国第%d次载人飞
行任务,本次载人发射的长征二号F遥十七运载火箭飞行的可靠性指标提升至%f,安全性指标达到%f。",
shenzh_17,num_fly,num_zr,relia,safe);
    }
```

任务总结

(1)记录易错点。

_____

_____

(2)通过完成以上任务,你有哪些心得体会?

_____

_____

任务拓展

为了庆祝神舟十四号载人飞船发射圆满成功,请编写程序输出以下内容。

庆祝神舟十四发射圆满成功!

神舟十四通过 6.5 小时快速交会对接,在 3 圈内完成 6 次变轨,经历 4.5 小时到达空间站,本次载人发射的长征二号 F 遥十四运载火箭飞行的可靠性评估结果为 0.989 4。

【二维码 2-4-2】

Long live China!

(1)写出你针对上述问题的程序设计思路。

_____

_____

_____

_____

（2）源代码的设计如下。

_____

_____

_____

_____

_____

_____

_____

任务三

你最喜欢的航天员——
C 语言输入/输出函数

🔍 任务描述

　　习近平总书记在党的二十大报告中强调："加快建设国家战略人才力量，努力培养造就更多大师、战略科学家、一流科技领军人才和创新团队、青年科技人才、卓越工程师、大国工匠、高技能人才。"在中国航天事业中，涌现出一批优秀的航天人，截至 2024 年 3 月，我国已有 18 名航天员进入太空——中国飞天第一人杨利伟、第一位出舱航天员翟志刚、第一位漫步太空的中国女航天员王亚平、放牛娃出身的航天员聂海胜、经过 11 年艰苦训练的杨洪波，航天英雄的每一步都见证着中国载人航天事业的进步。请编程实现：输入你最喜欢的航天员的姓名，打印输出，并选择喜欢他（她）的原因。

💡 任务分析

　　在本任务中，在输入航天员姓名时，需要使用 scanf 语句格式化输入字符串；在打印姓名时，需要使用格式化输出 printf 语句；在选择喜欢的原因时，需要提供选项，使用 printf 语句提示，再格式化输入字符。

📖 任务分组

　　按照 5 人一组，将班级学生进行分组，分别代表组长、任务汇报员、信息资料整理员、

代码汇错员、程序操作员。要求分工明确，轮流安排组长，给每个人提供组织协调的平台，注意培养学生的团队合作能力。学生任务分组表见表 2-12。

表 2-12　学生任务分组表

班级		组号		任务	
组员	学号	角色分配		工作内容	

任务准备

2.5　字符输入/输出函数

计算机输入/输出是以计算机主机为主体而言的。从计算机向输出设备(显示器、打印机等)输出数据称为输出，从输入设备(键盘、光盘、扫描仪等)向计算机输入数据称为输入。

C 语言本身不提供输入/输出语句，输入和输出操作是由 C 标准函数库中的函数实现的。printf 和 scanf 不是 C 语言的关键字，而只是库函数的名字。

标准输入/输出函数如下。

(1)printf(格式输出)；

(2)scanf(格式输入)；

(3)putchar(输出字符)；

(4)getchar(输入字符)；

(5)puts(输出字符串)；

(6)gets(输入字符串)。

在调用 C 语言库函数时，需要使用编译预处理命令#include <相关的头文件>，使相应的头文件包含到用户源程序中。

常用头文件如下。

(1)stdio.h——定义标准输入/输出函数；

(2)string.h——定义字符串操作函数；

(3)math.h——定义 sin( )、cos( )等数学函数。

2.5.1　字符型输出函数 putchar( )

(1)功能：从计算机向显示器输出一个字符。

(2)一般形式：putchar(c)→输出字符变量 c 的值；putchar('m')→输出单个字符 m。

以下示例使用 putchar( ) 函数输出字符。

```
//例:putchar('控制字符')
#include <stdio.h>
main()
{char a,b;
    a='o';
    b='k';
    putchar(a);
    putchar('\n');
    putchar(b);
}
```

运行结果如图 2-7 所示。

```
o
k
--------------------------------
Process exited after 0.266 seconds with return value 0
请按任意键继续. . .
```

图 2-7 运行结果

以下示例使用 putchar( ) 函数输出转义字符。

```
//例 putchar()含有转义字符
#include <stdio.h>
main()
{char a;
    a='B';
    putchar('\101');
    putchar(a);
}
```

运行结果如图 2-8 所示。

```
AB
--------------------------------
Process exited after 0.2444 seconds with return value 0
请按任意键继续. . .
```

图 2-8 运行结果

2.5.2 字符型输入函数 getchar( )

(1)功能：向计算机输入一个字符。

（2）一般形式：变量=getchar( )；

示例如下。

```
#include <stdio.h>
main()
{char  c;
    c=getchar();
    putchar(c);
}
```

运行结果如图 2-9 所示。

```
输入:a(输入结束必须回车!)
输出:a
```

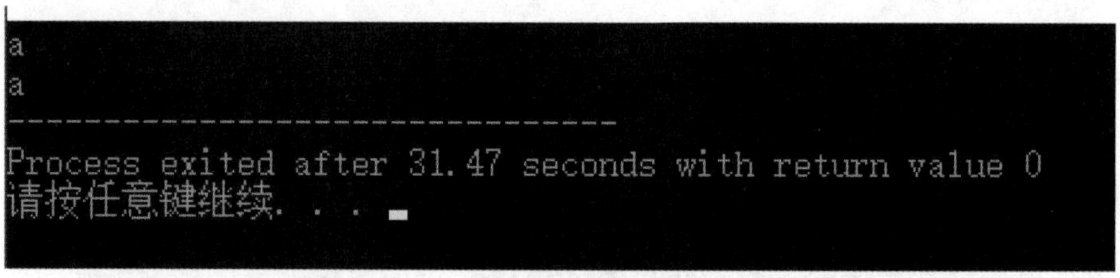

图 2-9　运行结果

以下示例从键盘输入任意三个字符，然后把它们输出到显示器。

```
char a,b,c;
    a=getchar();
    b=getchar();
    c=getchar();
    putchar(a);
    putchar(b);
    putchar(c);
    putchar('\n');
```

运行结果如图 2-10 所示。

图 2-10　运行结果

2.6　格式化输出函数 printf( )

格式化输出是指按照指定的格式输出数据。

按照输出内容要求的不同，printf( )函数有两种使用形式。

(1)输出内容不含变量，也叫作原样输出格式，一般形式为 printf("输出字符串")。原样输出常用在输入函数之前，起提示作用。示例如下。

```
#include "stdio.h"
main(){
    printf("This is C program");
}
```

运行结果如图 2-11 所示。

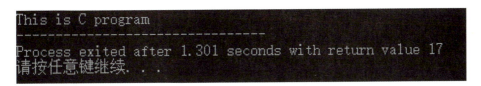

This is C program

Process exited after 1.301 seconds with return value 17
请按任意键继续. . .

图 2-11　运行结果

(2)输出内容含有变量，也叫作格式输出格式，按照指定格式输出列表中变量的值，如图 2-12 所示。

格式控制字符串
输出列表
printf("
a=
%d
b=
%f
",
a, b
);
函数名
格式字符
普通字符

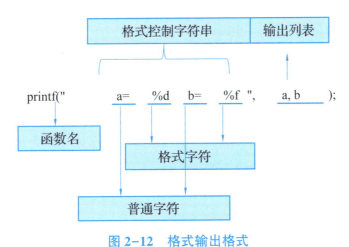

图 2-12　格式输出格式

在输出时对不同类型的数据要指定不同的格式声明。

格式输出格式的一般形式为%［格式修饰符］格式说明符。

常见的输出格式字符见表 2-13。

表2-13 常见的输出格式字符

输出格式字符	功能说明
%d	按十进制整数形式输出
%c	按字符形式输出
%s	按字符串形式输出
%o	按八进制整数形式输出
%x	按十六进制整数形式输出
%f(%e)	按浮点形式(或指数形式)输出,默认为6位小数
%m.nf	按浮点形式输出,显示宽度不小于m,小数位数为n

2.6.1 d格式字符

d格式字符按十进制整型数据的实际长度输出,正数的"+"不输出。

%nd:指定输出数据的域宽(所占列数为n)。

2.6.2 f格式字符

(1)%f:不指定数据宽度,根据数据实际情况决定数据列数。

(2)%mf:指定数据宽度,即输出数据占m列。

(3)% -mf:输出数据占m列,并且输出数据向左靠。

数据长度不超过m时,数据向左靠,右边补空格。

(4)%m.nf:输出数据占m列,其中包括n位小数。

(5)%-m.nf:输出数据占m列,其中包括n位小数,输出数据向左靠。

数据长度不超过m时,数据向左靠,右边补空格。

(6)%lf:以double双精度型输出实数。

float型数据只能保证6~7位有效数字,double型数据能保证15位有效数字。

(7)%e:以指数形式输出实数。

(8)%m.ne:以指数形式输出实数,输出数据占m列,其中包括n位小数。

示例如下。

```
#include "stdio.h"
main(){
    printf("情况1至3如下:\n");
    float a=1;
    printf("%f",a/3);
    printf("%12f",a/3);
    printf("%-12f",a/3);
    printf("\n 情况4如下:\n");
```

```
    float b=5.238;
    printf("%3.4f \n",b);
    printf("%5.2f \n",b);
    printf("%7.1f\n",b);
    printf("\n 情况 5 如下:\n");
    double c=6.345;
    printf("%-3.4f \n",c);
    printf("%-5.2f \n",c);
    printf("%-6.1f\n",c);
    printf("\n 情况 6 如下:\n");
    float d=123.456;
    printf("%e",d);
    printf("%5.2e",d);
}
```

运行结果如图 2-13 所示。

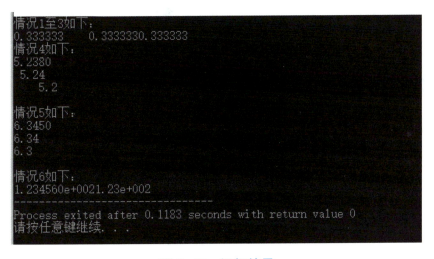

图 2-13　运行结果

2.6.3　c 格式字符

c 格式字符用来输出一个字符(字节)。

示例如下。

```
char ch='a';
printf("%c",ch);
char ch='a';
printf("%5c",ch);
```

一个整数如果在 0~127 范围内，也可以用"%c"使之以字符的形式输出，在输出前，系统会将该整数作为 ASCII 码转换成相应的字符。

示例如下。

```
int a=121;
printf("%c",a);
```

2.6.4　s 格式字符

s 格式字符用来进行字符串格式输出，有%s、%ms、% -ms、%m. ns、% -m. ns 五种用法。示例如下。

```
#include <stdio.h>
main()
{
    printf("%3s , %7.2s , %.4s , %-5.3s \n ", "CHINA", "CHINA", "CHINA", "CHINA");
}
```

运行结果如图 2-14 所示。

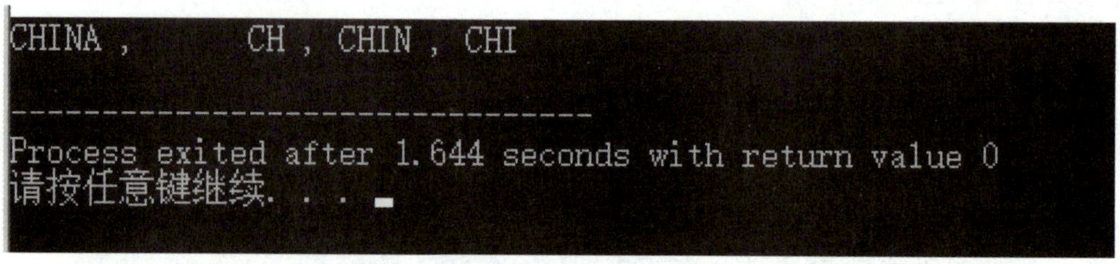

图 2-14　运行结果

敲黑板

在格式化输出时，还要注意以下几点。

(1)格式说明决定最终输出的格式。

(2)格式说明应与输出列表项个数相同，顺序一致。

(3)除 X、E、G 可以大写外，其他格式字符都必须小写。

(4)如果需要输出"%"，可连续使用两个"%%"。

(5)格式说明与输出类型要匹配，否则输出结果可能不是原值。

2.7　格式化输入函数 scanf( )

(1)功能：从键盘输入数据(按格式输入数据并赋给各输入项。)

(2)一般形式：scanf("格式控制字符串"，参数地址表)。

(3)格式控制字符串：包括格式字符和分隔符。

(4)参数地址表：若干变量地址，之间用逗号分隔，例如"int a，b；scanf ("%d，%d"，&a，&b);"。

scanf( )函数中格式字符的意义同 printf( )函数，见表 2-14。

表 2-14 常见的输入格式字符

输入格式字符	功能说明
%d	接收一个整型数据，直到遇到空格、Tab 或回车
%c	接收一个字符型数据
%s	接收一个字符串型数据
%f	接收一个浮点型数据(float)
%lf	接收一个浮点型数据(double)

敲黑板

进行格式化输入需要注意以下几点。

(1)要根据格式控制字符串的形式输入数据。如果格式控制字符串中有空白符(回车、Tab、空格)或无任何间隔，则输入数据时必须用回车、Tab 或空格来分隔或不进行分隔。

例如：

```
scanf("%d %d",&a,&b);//空格分隔
```

或

```
scanf("%d%d",&a,&b);//无任何分隔
```

(2)如果格式控制字符串中除了格式字符以外还有其他字符，则在输入数据时有什么其他字符就要输入什么其他字符。

例如：

```
scanf("%d,%d"&a,&b);//应输入:100,-50
scanf("x=%d,y=%d",&a,&b);//应输入:x=100,y=-50
scanf("%d  %d",&a,&b);//应输入:100  -50
```

(3)使用 scanf( ) 函数时，往往先用 printf( ) 函数进行必要的提示。

(4)输入实数时不能规定精度。例如"scanf("%4.1f",&f);"是非法的。

(5)以%c 格式输入时，所有输入的字符(包括空白符和转义字符)都作为有效字符。空白符包括空格、回车和 Tab。

小试牛刀

(1)getchar( ) 函数向计算机输入(   )字符。

A. 1个   B. 2个

C. 8个   D. 16个

【二维码 2-7-1】

(2)使用 scanf( )函数格式化输入姓名字符串时,用以下哪个格式符?(　　　)

A. %s　　　　　　　　B. %d　　　　　　　　C. %f　　　　　　　　D. %c

(3)判断:"scanf("%4.1f", &f);"是非法的。(　　　)

任务实施

本任务代码如下。

```c
#include<stdio.h>
main(){
    char name[10];
    char yy;
    printf("请输入你最喜欢的航天员的名字:\n");
    scanf("%s",&name);
    printf("我最喜欢的航天员的名字是%s\n",name);
    printf("你喜欢他(她)的原因是?请选择\n");
    printf("A、长得帅,长得好看\n");
    printf("B、他(她)有吃苦耐劳的精神\n");
    printf("C、他(她)有大公无私的精神\n");
    printf("D、他(她)有精益求精的精神\n");
    getchar();
    scanf("%c",&yy);
    printf("我最喜欢的航天员的原因选择%c\n",yy);
    printf("\n");
}
```

[二维码 2-7-2]

任务总结

(1)记录易错点。

_____

_____

(2)通过完成以上任务,你有哪些心得体会?

_____

_____

任务拓展

从键盘输入两个字符,并在显示器输出。

要求:输出字母 h 和 j。

[二维码 2-7-3]

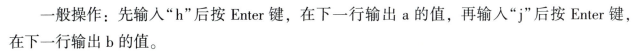

一般操作：先输入"h"后按 Enter 键，在下一行输出 a 的值，再输入"j"后按 Enter 键，在下一行输出 b 的值。

请找出下列代码错误的原因。

```
char a,b;
a=getchar();
putchar(a);
putchar('\n');
b=getchar();
putchar(b);
putchar('\n');
```

（1）判断上述代码的输出结果，并指出错误的原因。

_____

_____

_____

_____

（2）上述代码如何修改？

_____

_____

_____

_____

_____

_____

_____

任务四
计算宇宙飞船牵引力——
运算符和表达式

任务描述

宇宙飞船以 $v_0 = 10^4$ m/s 的速度进入分布均匀的宇宙微粒尘区。宇宙飞船每前进 x 长度（这里以 m 为单位），会与 $n = 10^4$ 个微粒相碰。假如每个微粒的质量 $m = 2 \times 10^{-6}$ kg，与宇宙飞船相碰后附在宇宙飞船上，那么为了使宇宙飞船的速度保持不变，宇宙飞船的牵引力应为多大？（公式：$F = nmv_0^2/x$）

利用 C 语言编程求出宇宙飞船的牵引力是多大。

提示：请输入宇宙飞船的前进距离是多少米。

任务分析

在计算宇宙飞船的牵引力问题时，需要用到变量相乘和相除，因此必须了解 C 语言中的运算符；同时需要定义多个变量如速度、微粒的个数、微粒的质量，为了使数据精准，设置数据类型为符点类型；宇宙飞船的前进距离需要格式化输入；最后通过计算公式得到宇宙飞船的牵引力大小。

任务分组

按照 5 人一组，将班级学生进行分组，分别代表组长、任务汇报员、信息资料整理员、代码汇错员、程序操作员。要求分工明确，轮流安排组长，给每个人提供组织协调的平台，注意培养学生的团队合作能力。学生任务分组表见表 2-15。

表 2-15　学生任务分组表

班级		组号		任务	
组员	学号	角色分配		工作内容	

任务准备

2.8　运算符和表达式

运算符是用于对常量和变量进行各种连接和运算的符号，如+、-、*、/、>、<等。

运算符按功能分类，有赋值运算符、算术运算符、关系运算符、逻辑运算符、条件运算符、位运算符、特殊运算符等。

运算符按运算对象分为以下 3 类。

（1）单目运算符：只有一个量参与运算。

（2）双目运算符：有两个量参与运算。

（3）三目运算符：由"？"和"："组成，属于条件运算符(唯一)。

常见的运算符见表 2-16。

表 2-16　常见的运算符

序号	类别	运算符
1	算术运算符	*、/、%、+、-
		自增运算符++、自减运算符--
2	关系运算符	>、<、= =、>=、<=、! =
3	逻辑运算符	&&、∥、!
4	位运算符	<<、>>、~、丨、^、&
5	赋值运算符	=、+=、-=、*=、/=、%=
		<<=、>>=、&=、^=、丨=
6	条件运算符	?、:
7	逗号运算符	,

续表

序号	类别	运算符
8	指针运算符	*、&
9	强制类型转换运算符	(类型),如(int)、(double)等
10	分量运算符	->、·、[ ]
11	其他运算符	如函数调用运算符等

表达式是由常量、变量、函数和运算符组合而成的式子,例如 $d/(3*a+b)-6*c$。表达式有两大特性:优先级和结合性。

优先级指,在计算表达式的值时,必须按运算符的优先级高低执行,优先级高的优于优先级低的进行计算。优先级共 15 级,运算符"( )"的优先级最高,为 1 级;运算符","的优先级最低,为 15 级。

结合性是指,如果一个运算对象两侧的运算符优先级相同,则按照结合方向的原则进行处理。结合性分为"从左到右"(左结合性)和"从右到左"(右结合性)两种。

(1)从左向右:如算术运算符,x-y+z,从左边开始运算。

(2)从右向左:如赋值运算符,x=y=z,将 z 赋给 y,再赋给 x。

本项目介绍算术运算符以算术运算符中的自增、自减运算符,赋值运算符,逗号运算符,位运算符,其余运算符将在后续项目具体介绍。

2.8.1 算术运算符

常见的算术运算符见表 2-17。

表 2-17 常见的算术运算符

算术运算符	含义	举例	结果
+	正值运算符	+5	5
-	负值运算符	-5	-5
( )	圆括号	(3+2)	5
+	加法运算符	2+3	5
-	减法运算符	3-2	1
*	乘法运算符	2*3	6
/	除法运算符	4/2	2
%	取模运算符(或称求余运算符)	5%2	1

【说明】

(1)不能在表达式中使用 C 语言不允许的标识符，例如将 2πr 写成 2 * π * r，C 语言中没有 π 这个符号。

(2)一律使用圆括号"( )"，不能使用"["和"]"或者"{ "和" }"，注意用圆括号保持运算顺序。

(3)凡是相乘的位置必须写" * "，不能将" * "省略或用圆点代替。相除的位置必须写"/"。

(4)进行"/"运算时，如果参与运算的量均为整型，则结果也为整型，舍去小数。例如：$10/7 = 1$，$2/5 = 0$。

如果运算量中有一个实数，则结果为双精度实数。例如：$5/2 = 2$，$-5/2.0 = -2.5$。

(5)"%"运算要求参与运算的量均为整型，结果为两数相除的余数，例如 5.5%2 会报错。

(6)在代码中书写表达式时应注意其与数学表达式的区别。例如：$x^2 + 2x + 1$ 应该写为 x

* x+2 * x+1；$\dfrac{-b + \sqrt{b^2 - 4ac}}{2a}$ 应该写为 $(-b+sqrt(b * b-4 * a * c))/(2 * a)$。

2.8.2 自增、自减运算符

自增、自减运算符的作用是使变量的值自增 1 或自减 1。

自增自减运算符均为单目运算符，具有右结合性，有以下两种形式。

(1)++i 和--i：先执行 i 的自增(减)后，再参与其他运算。

(2)i++和 i--：先使用 i 的值参与运算，再执行 i 的自增(减)。

例如：

```
j=3;  k=++j; //j=4,k=4
j=3;  k=j++; //j=4,k=3
```

【说明】

(1)在算术运算符中，操作数只能是变量，不能是常量或表达式。例如：6--、++(a+b)、++(-i)都是错误的表达式。

(2)注意运算符的结合性。

"m=-n++;"相当于"m=-(n++);"，若 n=5，则经过运算后 m=-5，n=6。

(3)表达式中如果有多个运算符连续出现，则编译系统尽可能从左到右将字符组合成一个运算符。例如：i+++j 等价于(i++)+j，-i+++-j 等价于-(i++)+(-j)。

2.8.3 赋值运算符

赋值运算符"="的一般形式为：变量名=常量/变量/对象/表达式。

赋值运算符的功能是将"="右边的常量/变量/对象/表达式的值赋给"="左边的变量，它具有右结合性。

例如：

```
g = 9.8;
g = 10 + 20 - 9;
```

敲黑板

(1)变量初始化时，"int x=y=5;"是错误的，因为赋值运算顺序是自右至左，先执行 y=5，这时 y 还没有定义。

(2)"="左侧不允许出现常量或表达式，只能是变量。例如：a+b=c 是不合法的，x=x+1 是合法的。

(3)复合赋值运算符右侧的表达式应该作为一个整体参加运算。例如：n * =n+2 等价于 n=n * (n+2)。

(4)当赋值运算符两边的类型不一致时，要进行强制类型转换。类型转换有两种，自动类型转换是系统自动完成的，强制类型转换是由程序员控制完成的。

如果赋值运算符两侧的类型不一致，但都是算术类型时，在赋值时要进行类型转换，它是由系统自动进行的。例如在以下代码中，s 和 c 的数据类型先转换为 int 型，然后进行计算，结果为 int 型。运行结果如图 2-15 所示。

```
#include<stdio.h>
main(){
    short s=100;
    char c='c';
    int sum=s* c;
    printf("NEW=%d \n",sum);
}
```

```
NEW=9900

--------------------------------
Process exited after 0.4324 seconds with return value 0
请按任意键继续. . .
```

图 2-15　运行结果

强制类型转换赋值时，"="右侧表达式的类型转换为左侧变量的类型。

强制类型转换的一般形式为：(类型名)(表达式)。

例如：

```
(double)a          //将 a 的值转换成 double 类型
(int)(x+y)         //将 x+y 的值转换成 int 型
(float)(5%3)       //将 5%3 的值转换成 float 型
```

2.8.4　逗号运算符

在 C 语言中逗号也是一种运算符。它的功能是把两个表达式连接起来，组成一个新的表达式。

逗号运算符的一般形式为：表达式 1，表达式 2，表达式 3，…，表达式 n。

逗号运算符具有左结合性。逗号表达式的值＝＝表达式 n 的值。

例如：

```
a=3*5,a*4;          //a=15,表达式的值为 60
a=3*5,a*4,a+5;      //a=15,表达式的值为 20
x=(a=3,6*3)         //表达式的值为 18,x=18
x=a=3,6*a           //表达式的值为 18,x=3
x=(2,3,4);          //表达式的值为 4,x=4
x=2,3,4;            //表达式的值为 4,x=2
```

又如：

```
a=1;b=2;c=3;
printf("%d,%d,%d\n",a,b,c);
printf("%d,%d,%d\n",(a,b,c),b,c);
```

输出结果如下。

```
1,2,3
3,2,3
```

阅读下面的代码，查看运行结果

```
#include <stdio.h>
main()
{
    int a,b;
    a=(b=2, ++b, b+5);
    printf("The value of a is %d！\n",a);
}
```

运行结果如图 2-16 所示。

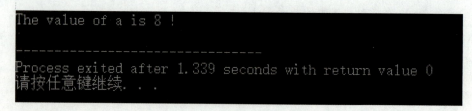

图 2-16　运行结果

2.8.5　位运算符

位运算是指对操作数以二进制位(bit)为单位进行的数据处理。每个二进制位只能存放一位二进制数"0"或"1",因此位运算的运算对象是一个二进制数位的集合。C 语言提供的位运算符见表 2-18。

表 2-18　位运算符

符号	含义	类别	优先级	格式	结合性
~	取反	单目运算符	2	~a	右结合性
<<	左移	双目运算符	5	a<<n	左结合性
>>	右移	双目运算符	5	b>>n	左结合性
&	按位与	双目运算符	8	a&b	左结合性
^	按位异或	双目运算符	9	a^b	左结合性
|	按位或	双目运算符	10	a | b	左结合性

位运算的操作数只能是整数或者字符型数据,不能是实型数据。手动进行位运算时,需要先将数据转换为二进制数,运行结果以十进制表示。逻辑位运算的求值规律见表 2-19。

表 2-19　逻辑位运算符的求值规律

a	b	~a	~b	a&b	a^b	a | b
1	1	0	0	1	0	1
1	0	0	1	0	1	1
0	1	1	0	0	1	1
0	0	1	1	0	0	0

根据表 2-19 可以得到以下结论。

(1)~运算,0 变 1,1 变 0。

(2)& 运算,当两个对应位均为 1 时,结果为 1,否则为 0。

(3)^运算,当两个对应位相同时,结果为 0,否则为 1。

(4)| 运算,当两个对应位均为 0 时,结果为 0,否则为 1。

例如：

```
unsigned char a=2,b=4,c=5,d=16,e=7,y;
y=a&b;∥y=(00000010)&(00000100)==0
y=a|b;∥y=(00000010)|(00000100)==(00000110)==6
y=a^c;∥y=(00000010)(00000101)=(00000111)=7
y=a<<2;∥y=(00000010)<<2==(00001000)==8
y=d>>2;∥y=(00010000)>>2==(00000100)==4
y=~e;∥y=~(00000111)==(11111000)==248
y=d&e<<2    /* y=d&e<<2
               =d&(e<<2)(因为"<<"优先级高于"&")
               =(00010000)&(00011100)
               =(00010000)==16 */
```

在计算机中，数据是以二进制补码的形式进行存储的，因此位运算的对象也是二进制补码。正数的二进制补码等于其本身。

数值的表示方法有原码、反码、补码 3 种。

（1）原码：原码中最高位为符号位，其余各位为数值本身的绝对值。

（2）反码：正数的反码与原码相同，负数的反码符号位为 1，其余位对原码取反。

（3）补码：正数的补码与原码相同；负数的补码最高位为 1，其余位为原码取反，再对整个数加 1。

例如：+7、−7 的原码、反码、补码见表 2−20。

表 2−20　+7、−7 的原码、反码、补码

数值	原码	反码	补码
+7	00000111	00000111	00000111
−7	10000111	11111000	11111001

总结如下。

（1）正数：最高位为 0；原码=反码=补码。

（2）负数：最高位为 1；反码=原码的高位不变，其他逐位取反；补码=原码的反码+1；原码=补码的补码。

正、负数的原码、反码、补码见表 2−21。

表 2−21　正、负数的原码、反码、补码

数值	最高位	原码	反码	补码
正数	0		原码=反码=补码	
负数	1		原码的高位不变，其他逐位取反	原码的反码+1

例如：

```
int a=11;char b=-11;
printf("%d,%d",~a,~b);
printf("%d,%d\n",a<<2,b<<2);
printf("%d,%d\n",a>>2,b>>2);
```

分析如下。

$[11]_{10}=[00001011]_2=[00001011]_补$。

$[-11]_{10}=[10001011]_2=[11110101]_补$。

计算过程如下：

11 是以其补码形式存储的，取反后为负数，因此需要求出其原码是多少，即补码的补码。11 向左、向右移动 2 位都是正数，直接可以计算机出相应十进制数。

(1)$[11]_{10}=[00001011]_补$的运算过程如下。

$\downarrow \sim$	$\downarrow <<2$	$\downarrow >>2$
$[11110100]_补$	$[00101100]_2$	$[00000010]_2$
$\downarrow$求反码	$\downarrow$	$\downarrow$
$[10001011]_2$	$[44]_{10}$	$[2]_{10}$
$\downarrow +1$		
$[10001100]_原$		
$\downarrow$		
$[-12]_{10}$		

-11 是以其补码形式存储的，因此对 b 的操作是对其补码的操作。移位时最高位为 1，则为负数，需要计算出相应原码是多少，对应十进制数。

(2)$[-11]_{10}=[11110101]_补$的运算过程如下。

$\downarrow \sim$	$\downarrow >>2$	$\downarrow <<2$
$[00001010]_2$	$[11111101]_{最高位补1}$	$[11010100]_2$
$\downarrow$	$\downarrow$求反码	$\downarrow$求反码
$[10]_{10}$	$[10000010]_2$	$[10101011]_2$
	$\downarrow +1$	$\downarrow +1$
	$[10000011]_原$	$[10101100]_原$
	$\downarrow$	$\downarrow$
	$[-3]_{10}$	$[-44]_{10}$

2.8.6 常用的数学函数

前面介绍了常用的输入/输出函数。除了这些函数外，C 语言还提供了许多具有不同功能的基本数学函数，例如常用的数学函数 sin( )、log( )、cos( )等。使用这些函数可以进行一些基本的数学运算。在使用数学函数之前，要求在程序开头包含头文件"math.h"，即#include <math.h>。

常用的数学函数见表2-22，其参数类型、函数值类型都是实型。

表 2-22 常用的数学函数

数学函数	功能描述
sqrt(x)	求 x 的平方根，x≥0
pow(x，y)	求 x^y
exp(x)	求 e^x
abs(x)	求 x 的绝对值，x 为 int 型整数
fabs(x)	求 x 的绝对值，x 为 double 型浮点小数
log(x)	求 x 的对数，以 e 为底，x>0
log10(x)	求 x 的对数，以 10 为底，x>0
sin(x)	求 x 的正弦，x 的单位为弧度
cos(x)	求 x 的余弦，x 的单位为弧度
tan(x)	求 x 的正切，x 的单位为弧度
rand( )	产生 0~32 767 范围内的随机整数

例如：使用 pow( )函数求幂 a^b 的代码如下。

```
#include  <math.h>
main( )
{ float  a, b;
    scanf("%f %f", &a, &b );
    printf("a = %.1f,b = %.1f,a ^ b = %.1f \n", a, b, pow(a,b) );
}
```

输入"5 3"后按 Enter 键，输出如下。

```
a = 5.0,  b = 3.0,  a ^ b = 125.0
```

小试牛刀

(1)整数 5/2 的计算结果是(   )。

A. 2.5

B. 2

C. 3

D. 0

【二维码 2-8-1】

(2)在"j=3;k=++j;"中,k=(   )。

A. 3   B. 4   C. 2   D. 0

(3)-7 的反码是(   )。

A. 00000111   B. 10000111   C. 11111000   D. 11111001

(4)2×10^{-6} 的正确表示方式是(   )。

A. 20e-7   B. 2E-6   C. 2. 000000   D. 2e6

(5)求 e^x 的函数是(   )。

A. pow(x, y)   B. exp(x)   C. abs(x)   D. log(x)

(6)(多选)结构化程序设计由哪些基本结构组成?(   )

A. 顺序结构   B. 选择结构   C. 循环结构   D. 嵌套结构

 任务实施

本任务代码如下。

```
#include<stdio.h>
main(){
    double v0=1e4;
    double n=1e4;
    double m=2e-6;
    double dis;
    double F;
    printf("请输入行驶距离(米):");
    scanf("%lf",&dis);
    F=n* m* v0* v0/dis;
    printf("计算机宇宙飞船的牵引力为:%lf \n",F);
}
```

【二维码 2-8-2】

任务总结

(1)记录易错点。

_____

_____

(2)通过完成以上任务,你有哪些心得体会?

_____

_____

任务拓展

给出三角形的三边长，求三角形的面积。

解题思路：假设给定的三边长符合构成三角形的条件，即满足任意两边之和大于第三边。从已知数学知识知求三角形面积的公式为面积 = $\sqrt{s(s-a)(s-b)(s-c)}$。其中 $s=(a+b+c)/2$

【二维码2-8-3】

（1）写出你针对上述问题的程序设计思路。

_____

_____

_____

_____

（2）源代码的设计如下。

_____

_____

_____

_____

_____

_____

_____

_____

项目复盘

通过个人自评、小组互评、教师点评，从三方面对本项目内容的学习掌握情况进行评价，并完成考核评价表。考核评价表见表2-23。

表 2-23　考核评价表

序号	评价项目	评价内容	分值	自评 (30%)	互评 (30%)	师评 (40%)	合计
1	职业素养 (30 分)	分工合理，制订计划能力强，严谨认真	5				
		爱岗敬业，具有安全意识、责任意识、服从意识、环保意识	5				
		能进行团队合作，与同学交流沟通、互相协作、分享能力	5				
		遵守行业规范、现场 6S 标准	5				
		主动性强，保质保量完成工作页相关任务	5				
		能采取多样化手段收集信息、解决问题	5				
2	专业能力 (60 分)	了解 C 语言的基本数据类型	5				
		理解常量和变量的定义	10				
		掌握赋值语句	10				
		掌握数据输入、输出语句的用法	10				
		理解运算符、表达式	10				
		会使用常用函数	5				
		能依据现实情况完成简单程序编写	10				
3	创新意识 (10 分)	创新性思维和行动	10				
合计			100				
评价人签名：					时间：		

项目达标检测

一、选择题

1. 已知字母 A 的 ASCII 码为十进制数 65，且 c2 为字符型，则执行语句"c2 = 'd' + ' 1 ' − ' 3 ';"后，c2 中的值为(　　)。

A. b   B. 68

C. 不确定的值   D. f

【项目二达标检测二维码】

2. 若所有变量均为整型，则表达式(a = 2, b = 5, b++, a + b)的值是(　　)。

A. 7   B. 8   C. 6   D. 2

3. C 语言规定，在一个源程序中，main( )函数的位置(　　　)。

A. 必须在最开始　　　　　　　　　B. 必须在最后

C. 可以任意　　　　　　　　　　　D. 必须在系统调用的库函数的后面

4. 输入字符正确的语句是(　　　)。

A. scanf("%c", ch);　　　　　　　B. scanf("%c", &ch);

C. &ch=getchar( );　　　　　　　D. getchar(ch);

二、填空题

请认真阅读程序，并按要求在相应位置将程序完整。

1. 输入两个整数，求它们的平均值。

```
#include "stdio.h"
main()
{int a,b;
    float av;
    printf("请输入两个整数并用逗号分隔 \n");
    _____
    _____
    printf("整数%d 和%d 的平均值为%f \n",a,b,av);
}
```

2. 任意输入一个字符，要求输出该字符和它的 ASCII 码，格式为"字符 x 的 ASCII 码是 xx"。

```
#include"stdio.h"
main()
{char ch;
    _____
    _____
}
```

三、程序分析题

1. 下列程序段的输出结果是_____。

```
#include"stdio.h"
main()
{int a,b,d=241;
    a=d/100%9;
    b=(-1)&&(1);
    printf("%d,%d",a,b);
}
```

2. 下列程序段的输出结果是_____。

```
#include<stdio.h>
main()
{float x=1234.56789;
    printf("%5.2f",x);
}
```

四、程序设计题

1. 输入 x 和 y，交换它们的值，并输出交换前后的值。

2. 有人用温度计测量出用华氏法表示的温度(如 f)，现要求把它转换为以摄氏法表示的温度(如 c)。已知二者之间的转换公式是 $c = \dfrac{5}{9}(f - 32)$，f 代表华氏温度，c 代表摄氏温度。

【项目二所有答案解析】

项目三

出行计划——分支程序设计

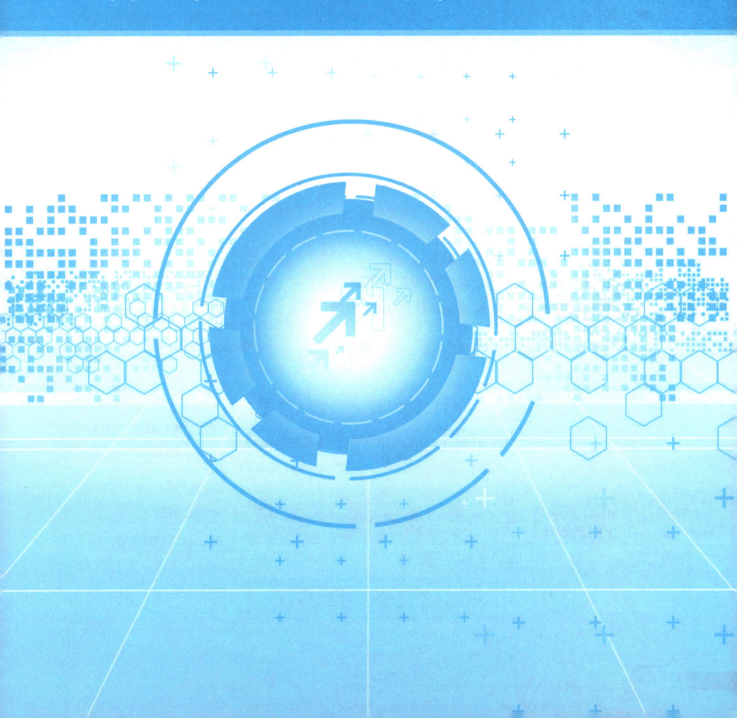

项目描述

　　用一壶春风酿酒，饮醉了半夏芳菲，裁剪了一影秋月，洗净了白雪红梅。很多同学都想旅游，看看祖国的大好河山，领略不同的风土人情。习近平总书记在党的二十大报告中提出"促进区域协调发展""推进京津冀协同发展"。趁此时机，同学们准备一起去北京，在天安门看升旗，去清华大学、北京大学等高校感受高等学府的氛围。本项目以出行计划为主线，从确定出行时间、选择合适的酒店预定房间、购买日常用品等实际问题出发，运用所学的知识，由浅入深、由简单到复杂，结合实际，自然地、循序渐进地编写程序。

　　通常，计算机按语句在程序中的顺序逐行执行，但在实际情况下，经常要根据不同的条件执行不同的程序段，即判断某个变量或表达式的值，以决定执行哪些语句或跳过哪些语句。这种结构通常称为选择结构，因为按不同的条件确定程序的不同转向，所以也称为分支结构。

项目目标

(1)了解C语言的三大结构。
(2)掌握if语句及多分支语句的基本形式。
(3)能够使用分支结构解决实际问题。

项目规划

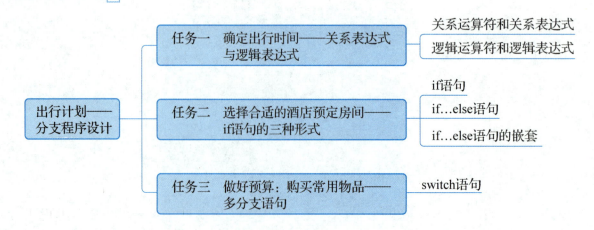

任务一

确定出行时间——关系表达式与逻辑表达式

任务描述

北京是中华人民共和国的首都、直辖市、国家中心城市、超大城市，国务院批复确定的中国政治中心、文化中心、国际交往中心、科技创新中心，是中国历史文化名城和古都之一。同学们计划在北京旅游 3 天，希望天气晴朗不下雨，因此在出行之前需要提前查询北京市近 7 天的天气情况，通过 12306 网站查询往返车票是否充足。请运用所学知识，写出满足出行条件的表达式。

任务分析

在本任务中有多个条件需要满足，请搜集相关资料，思考以下问题。

(1)通过表达式写出满足出行的天气条件。

_____

_____

(2)通过表达式写出满足出行的车票条件。

_____

_____

(3)通过表达式写出满足出行的综合条件。

_____

_____

任务分组

按照 5 人一组，将班级学生进行分组，分别代表组长、任务汇报员、信息资料整理员、代码汇错员、程序操作员。要求分工明确，轮流安排组长，给每个人提供组织协调的平台，注意培养学生的团队合作能力。学生任务分组表见表 3-1。

表 3-1   学生任务分组表

班级		组号		任务	
组员	学号		角色分配	工作内容	

任务准备

3.1   关系表达式和逻辑表达式

3.1.1   关系运算

关系运算就是对两个数据按它们的值的大小进行比较运算。

C 语言提供了 6 种关系运算符,见表 3-2。

表 3-2   C 语言中的关系运算符

关系运算符	含义	优先级	结合性
<	小于	6	左结合性
<=	小于或等于		
>	大于		
>=	大于或等于		
==	等于	7	
! =	不等于		

在 C 语言中,用关系运算符连接的表达式称为关系表达式,当关系表达式的值为真时,运算结果为 1,反之,运算结果为 0。

【思考】

(1)判断为真时结果是 1,判断为假时结果为 0,那什么情况下判断为真?什么情况下判断为假?

(2)对算术运算符、关系运算符、赋值运算符进行优先级排序。

(3)说出以下运算符的区别:"="和"=="、"! ="和"≠"、">="和"≥"、"<="和"≤"。

3.1.2 逻辑运算

C语言有3种逻辑运算符，见表3-3。

表3-3 C语言中的逻辑运算符

逻辑运算符	含义	优先级	结合性
!	逻辑非	2	右结合性
&&	逻辑与	11	左结合性
‖	逻辑或	12	左结合性

【思考】

（1）在逻辑运算符中，"&&"和"‖"是双目运算符，要求有两个运算对象；"!"是单目运算符。还有哪些是单目运算符？

（2）对算术运算符、关系运算符、逻辑运算符、赋值运算符进行优先级排序。

（3）填写表3-4，并总结"短路"现象。

表3-4 逻辑运算表

A	B	!A	!B	A&&B	A‖B
真	真				
真	假				
假	真				
假	假				

"&&"：_____

"‖"：_____

小试牛刀

（1）若a=7，b=6，c=12，则表达式"a+b<c && a>b"的值为_____。

（2）若a=3，b=4，c=5，则逻辑表达式"!（a+b）&&!c‖1"的值为_____。

（3）如果x大于1并且小于或等于10，则为真，否则为假，下列正确的表达式是（   ）。

A. 1<x<=10   B. x>1‖x<=10

C. x>1&&x<=10   D. x>1&&x<10

（4）与表达式"x>10&&x-y!=10"等价的表达式是（   ）。

A. x>（10&&（x-（y!=10）））   B. （x>10）&&（（x-y）!=10）

【二维码3-1-1】

C. x>((10&&x)-(y! =10))   D. ((x>10)&&(x-y))! =10

📺 任务总结

(1)记录易错点。

_____

_____

(2)通过完成以上任务,你有哪些心得体会?

_____

_____

📊 任务拓展

编写程序,确定是否出行。

(1)写出你针对上述问题的程序设计思路。

_____

_____

_____

(2)源代码的设计如下。

_____

_____

_____

_____

_____

_____

任务二
选择合适的酒店预定房间——if 语句的三种形式

任务描述

通过前期准备，同学终于确定了出行时间，接下来需要根据出行人数，确定预定房间数。A 酒店最多提供 10 个标准间，B 酒店可以提供 20 个标准间，C 酒店可以提供 30 个标准间，D 酒店可以提供 40 个标准间。根据房间数选择合适的酒店，提前预定房间。

任务分析

有的同学对房间有特殊要求，需要单独的房间，剩余的同学中男生两人一个房间，女生两人一个房间。对于剩余的同学，如果男、女生人数都是偶数，房间数就是男生人数加女生人数除以 2；如果男、女生人数都是奇数，房间数就是男生人数加女生人数除以 2 再加 2。请同学们根据分析，搜集相关资料，思考以下问题。

（1）有特殊要求的人数是多少？

_____

_____

（2）剩余男、女生人数分别是多少？

_____

_____

（3）确定需要预定多少房间（统一预定标准间）。

_____

_____

_____

(4)编写程序：根据需预定的房间数和酒店的规模，选择合适的酒店。

任务分组

按照 5 人一组，将班级学生进行分组，分别代表组长、任务汇报员、信息资料整理员、代码汇错员、程序操作员。要求分工明确，轮流安排组长，给每个人提供组织协调的平台，注意培养学生的团队合作能力。学生任务分组表见表 3-5。

表 3-5　学生任务分组表

班级		组号		任务	
组员	学号	角色分配		工作内容	

任务准备

3.2　条件语句

3.2.1　if 语句的第一种形式

if 语句的第一种形式如下。

```
if(表达式) 语句;
```

流程图如图 3-1 所示。

(1)在执行 if 语句时，先计算"表达式"的值，如果计算结果为非 0，则执行后面的"语句"，否则跳过后面的"语句"。

(2)"表达式"可以为任何类型的表达式，如算术表达式、赋值表达式、逻辑表达式、关系表达式。

(3)"语句"可以是一条简单的语句，也可以是复合语句。复

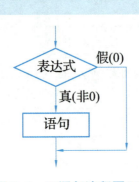

图 3-1　if 语句流程图(1)

合语句是用花括号将几个语句括起来，例如：

```
{
    a=a+4;
    b=a+6;
    c=a+b;
}
```

小 试 牛 刀

补全下列程序代码，输入一个成绩 score，如果成绩大于 60，则输出显示"恭喜考试通过！"，否则不显示任何信息。

```
#include<stdio.h>
main()
{
    int score;
    printf("输入一个成绩:");
    scanf("%d",&score);
    _____
    printf("恭喜考试通过!");
}
```

【二维码 3-2-1】

3.2.2　if 语句的第二种形式

if 语句的第二种形式如下。

```
if(表达式)  语句1;
else  语句2;
```

流程图如图 3-2 所示。

（1）如果"表达式"的值为非 0，则执行语句 1，跳过语句 2；否则跳过语句 1，执行语句 2。

（2）在编写程序时，对于 else 的书写，尽量使用缩进格式，以便于清楚地知道语句依赖"表达式"。

（3）语句 1 和语句 2 可以是一条简单的语句，也可以是一条复合语句，但不能写几条语句。

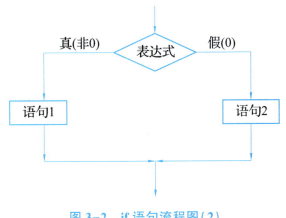

图 3-2　if 语句流程图（2）

小试牛刀

补全下列程序代码，输入一个成绩 score，如果成绩大于60，则输出显示"恭喜考试通过!"，否则显示"太遗憾了，考试未通过，要继续努力哦!"。

```
#include<stdio.h>
main()
{
    int score;
    printf("输入一个成绩:");
    scanf("%d",&score);
    _____
    printf("恭喜考试通过!");
    _____
    printf("太遗憾了,考试未通过,要继续努力哦!");
}
```

【二维码3-2-2】

3.2.3　if 语句的第三种形式

if 语句的第三种形式如下。

```
if(表达式1)  语句1;
else if(表达式2)  语句2;
else if(表达式3)  语句3;
else  语句4;
```

流程图如图3-3所示。

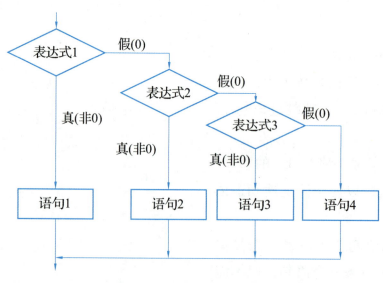

图 3-3　if 语句流程图(3)

(1)只有在"表达式1"为0的情况下，才会判断"表达式2"，并依次类推，执行对应的语句。

（2）看似有多条分支，实际上还是有且只有一条语句被执行。

小 试 牛 刀

【二维码3-2-3】

补全下列程序代码，输入一个成绩 score，如果成绩大于 90，则输出显示"优秀!"，如果成绩大于 80，则输出显示"良好!"，如果成绩大于 60，则输出显示"恭喜考试通过!"，否则显示"太遗憾了，考试未通过，要继续努力哦!"。

```c
#include<stdio.h>
main()
{
    int score;
    printf("输入一个成绩:");
    scanf("%d",&score);
    if(score>90)
    printf("优秀!");
    _____
    printf("良好!");
    _____
    printf("恭喜考试通过!");
    _____
    printf("太遗憾了,考试未通过,要继续努力哦!");
}
```

📺 任务总结

（1）记录易错点。

_____

_____

（2）通过完成以上任务，你有哪些心得体会？

_____

_____

任务三
做好预算：购买日常用品——
多分支语句

 任务描述

在出行之前，还需要准备一些日常用品。恰巧周边超市有活动，购物满 200 元可以打 9.5 折，购物满 300 元可以打 9 折，购物满 400 元可以打 8.5 折，购物满 600 元可以打 8 折。编写程序，进行购买常用物品的预算。

任务分析

请进行分析并思考以下问题：如何编程实现输入需要购买物品的价格，输出享受的折扣，并计算出实际应支付金额？

```
#include<stdio.h>
main()
{





    }
```

任务分组

按照 5 人一组，将班级学生进行分组，分别代表组长、任务汇报员、信息资料整理员、代码汇错员、程序操作员。要求分工明确，轮流安排组长，给每个人提供组织协调的平台，注意培养学生的团队合作能力。学生任务分组表见表 3-6。

表 3-6　学生任务分组表

班级		组号		任务	
组员	学号	角色分配		工作内容	

 **任务准备**

3.3　多分支语句

在实际应用中，程序会面临多重选择，当 if 语句的嵌套层次大于 3 时，程序会变得非常复杂，难以阅读，更容易产生错误，这时使用多分支语句——switch 语句更为方便。

switch 语句的一般形式如下。

```
switch(表达式)
{
    case: 常量表达式1: 语句1; [break;]
    case: 常量表达式2: 语句2; [break;]
            .
            .
            .
    case: 常量表达式n: 语句n; [break;]
    [default : 语句 n+1;]
}
```

（1）先对 switch 语句中的"表达式"进行计算，然后依次与 case 中的"常量表达式"的值进行比较，一旦匹配，马上执行对应的语句。

（2）根据程序需要，break 语句可以不写。如果程序遇到 break 语句，则结束 switch 语句，否则会继续运行下面 case 语句部分，直到遇见 break 语句或者运行完全部 switch 语句。break 语句后面有"；"。

（3）case 后面必须使用常量表达式，并且数值不能有重复或者交叉。

（4）default 语句根据程序需要书写。

小试牛刀

补全程序：根据考试成绩的等级 A、B、C、D，分别输出"优秀""良好""合格""不合格"的评语。

```
#include<stdio.h>
main()
{
    char grade;
    printf("请输入成绩等级:");
    grade=getchar();
    _____
    {
        _____ : printf("优秀 \n");  break;
        _____ : printf("良好 \n");  break;
        _____ : printf("合格 \n");  break;
        _____ : printf("不合格 \n");  break;
    }
}
```

【二维码 3-3-1】

如果去掉"break;"，程序会如何运行？

_____

_____

任务总结

(1)记录易错点。

_____

(2)通过完成以上任务，你有哪些心得体会？

_____

_____

项目复盘

通过个人自评、小组互评、教师点评，从三方面对本项目内容的学习掌握情况进行评价，并完成考核评价表。考核评价表见表 3-7。

表 3-7 考核评价表

序号	评价项目	评价内容	分值	自评(30%)	互评(30%)	师评(40%)	合计
1	职业素养(30分)	分工合理,制订计划能力强,严谨认真	5				
		爱岗敬业,具有安全意识、责任意识、服从意识、环保意识	5				
		能进行团队合作,与同学交流沟通、互相协作、分享能力	5				
		遵守行业规范、现场 6S 标准	5				
		主动性强,保质保量完成工作页相关任务	5				
		能采取多样化手段收集信息、解决问题	5				
2	专业能力(60分)	掌握关系运算符、逻辑运算符及关系和逻辑运算	10				
		掌握 if 语句和 if…else 语句的基本结构	10				
		掌握 if…else 语句的嵌套	10				
		掌握 switch 多分支语句	10				
		会用分支语句进行编程,解决实际问题	20				
3	创新意识(10分)	创新性思维和行动	10				
合计			100				
评价人签名:					时间:		

项目达标检测

一、选择题

1. 运行两次下面的程序,如果从键盘分别输入"6"和"4",则输出结果是(　　　)。

```
main()
{
    int x;
    scanf("%d",&x);
    if (x++>5)
    printf("%d",x);
```

【项目三达标检测二维码】

73

```
    else
        printf("%d\n",x--);
}
```

A. 7 和 5   B. 6 和 3   C. 7 和 4   D. 6 和 4

2. 以下程序运行后的输出结果是(   )。

```
main()
{ int i=1, j=1, k=2;
    if ( (j++ || k++) && i++)
    printf("%d,%d,%d\n", i, j, k);
}
```

A. 1, 1, 2   B. 2, 2, 1   C. 2, 2, 2   D. 2, 2, 3

3. 以下程序运行后的输出结果是(   )。

```
main()
{ int a=5,b=4,c=3,d=2;
    if (a>b>c)
    printf("%d\n", d);
    else if ( (c-1 >= d) ==1)
    printf("%d\n", d+1);
    else
    printf("%d\n", d+2);
}
```

A. 2   B. 3

C. 4   D. 编译时有错，无结果

4. 以下程序运行后的输出结果是(   )。

```
main()
{
    int a=2,b=-1,c=2;
    if(a<b)
    if(b<0)
    c=0;
    else  c++;
    printf("%d\n",c);
}
```

A. 0   B. 1   C. 2   D. 3

二、填空题

1. 已知 a = 9，b = 8，c = 12，则执行下列程序段后，a、b、c 的值分别为_____、_____、_____。

```
if(a<c)
{ a=b; b=c; c=a;}
    else
    a=c; c=b; b=a;
```

2. 以下程序运行后 i 的值为_____。

```
main()
{
    char ch='$';
    int i=1,j;
    j=! ch&&i++;
    printf("%d",i);
}
```

三、程序分析题

1. 有以下程序。

```
#include<stdio.h>
main()
{
    int x;
    scanf("%d",&x);
    if(x>15)  printf("%d",x-5);
    if(x>10)  printf("%d",x);
    if(x>5)  printf("%d",x+5);
}
```

若程序运行时从键盘输入"12"后按 Enter 键，则输出结果为_____。

2. 以下程序的运行结果是_____。

```
#include<stdio.h>
main()
{
    int a,b,d=241;
    a=d/100%9;
    b=(-1)&&(-1);
    printf("%d,%d",a,b);
}
```

四、程序设计题

1. 用 if 语句编程实现以下数学函数。

$$y = \begin{cases} -1, & x < 0 \\ 0, & x = 0 \\ 1, & x > 0 \end{cases}$$

2. 输入三个数 a、b、c，要求按由小到大的顺序输出。

【项目三所有答案解析】

项目四

量化生活 数字为先——循环结构程序设计

项目描述

　　在日常的教学过程中，需要输出全班学生的成绩，每输出一个学生的成绩就要使用一次命令语言，当有 n 个学生时，就需要编写 n 次输出命令，这样编程的工作量太大。当不同班级的学生数不固定时，该如何确定输出的学生数呢？

　　C 语言为处理大量重复的工作提供了循环结构。循环执行的程序段称为循环体，循环体可以为单一语句，也可以为语句块。

项目目标

　　(1)了解循环结构的概念，掌握循环语句的一般形式及三要素。

　　(2)掌握在不同条件下循环语句的使用情况，以及与 break、continue 语句嵌套使用的方法。

　　(3)通过循环结构的综合运用，能够解决实际问题，从而提升逻辑能力。

项目规划

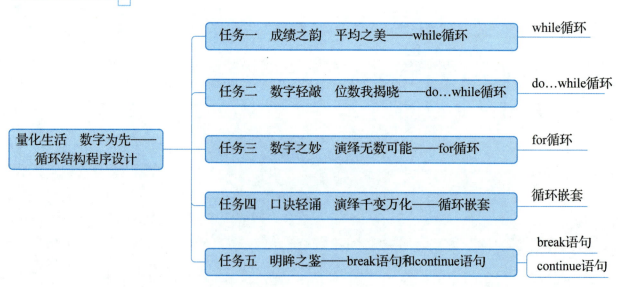

量化生活　数字为先——循环结构程序设计

- 任务一　成绩之韵　平均之美——while循环 ——while循环
- 任务二　数字轻敲　位数我揭晓——do…while循环 ——do…while循环
- 任务三　数字之妙　演绎无数可能——for循环 ——for循环
- 任务四　口诀轻诵　演绎千变万化——循环嵌套 ——循环嵌套
- 任务五　明眸之鉴——break语句和continue语句 ——break语句　continue语句

任务一
成绩之韵 平均之美——while 循环

任务描述

输入学生的百分制成绩，统计所有学生成绩的平均分。

任务分析

本任务需要用户不断地输入成绩，满足"有规律的重复"，故需要使用循环结构，但又不确定用户输入成绩的次数，也就是循环次数不确定，因此需要使用一种循环语句——while 语句。请同学们根据分析，搜集相关资料，思考以下问题。

（1）while 循环的一般形式是什么？

_____

_____

（2）while 循环的执行特点是什么？

_____

_____

任务分组

按照 5 人一组，将班级学生进行分组，分别代表组长、任务汇报员、信息资料整理员、代码汇错员、程序操作员。要求分工明确，轮流安排组长，给每个人提供组织协调的平台，注意培养学生的团队合作能力。学生任务分组表见表 4-1。

表 4-1　学生任务分组表

班级		组号		任务	
组员	学号	角色分配		工作内容	

任务准备

4.1　while 循环

4.1.1　while 循环介绍

while 循环也被称为"当型"循环,它的一般形式如下。

```
while(表达式)
{语句序列;
}
```

在 while 循环结构中,表达式是循环条件,语句序列是需要多次重复执行的循环体。while 循环的执行过程是:先判断循环条件,当表达式的值为真(也就是非 0)时,执行循环体。

敲 黑 板

使用 while 循环的注意事项如下。

(1)当循环条件表达式的值为假(也就是为 0)时,循环终止,执行 while 循环后的其他语句。因此,while 循环的执行特点是:先判断循环条件,后执行循环体。

while 循环的执行过程可以由图 4-1 形象地表示。

(2)循环必须在有限的次数内结束,否则会出现"死循环",在程序中应避免出现死循环。

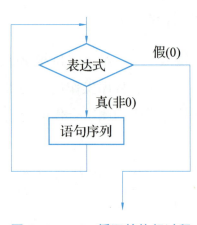

图 4-1　while 循环的执行过程

小试牛刀

例 4-1

```
#include<stdio.h>
main()
{int sum,i;
    sum=0;
    i=1;
    while(i<=5)
    {sum=sum+i;
    i=i+1;}
    printf("1+2+3+4+5=%d\n",sum);
}
```

【二维码 4-1-1】

请认真阅读以上程序，思考程序的运行结果、while 循环执行的次数，及该程序的功能，填写表 4-2。

表 4-2　例 4-1 的运行过程

变量名	sum	i	循环条件(i<5)

4.1.2　关于 while 循环的说明

（1）while 循环的特点是"先判断循环条件，后执行循环体"。如果第一次判断循环条件时循环条件就为假，那么循环体一次也不会被执行。

例 4-2

```
#include <stdio.h>
main()
{int x;
    scanf("x=%d", &x);
    while(x>5)
    {x--;
    printf("%d ",x); }
}
```

运行程序的过程如下。

第一次运行程序：输入"3"后按 Enter 键，程序没有任何输出结果。

第二次运行程序：输入"7"后按 Enter 键，程序的输出结果为"65"。

（2）循环条件表达式。

while 循环的表达式一般是关系表达或逻辑表达式，只要表达式的值为真（非 0）就可继续循环。

若循环条件由多个子条件组成，则需要使用逻辑运算符（"&&"或者"‖"）将各个子条件连接起来，组成一个逻辑表达式。不能仅使用逗号(,)将各个子条件间分隔开来。

例如：表示学生的百分制成绩，变量 score 的取值范围是[0-100]，循环条件的表达式应该为 score>=0 && score<=100。

（3）避免死循环。

在 while 循环的表达式或循环体中，必须有使循环条件表达式的值变为假（也就是 0）的操作，否则循环将无限地执行下去，这样的循环称为"死循环"。在设计循环结构时，一定要注意避免死循环。

例 4-3

```
#include <stdio.h>
int main()
{int x;
    scanf("x=%d", &x);
    while(x>5)
    { printf("%d ",x); }
}
```

以上程序运行时，若输入"7"，则出现死循环。

（4）循环体语句。

循环体可以是一条语句、一组语句或空语句。

如果循环体是一条语句，则循环体两端的"{}"可以省略。

循环体如果包括多条语句，则必须用"{}"括起来，构成复合语句。

例 4-4

```
#include<stdio.h>
main()
{int F;  float C;
    F=30;
    while(F<=35)
    {C= 5* (F-32)/9.0;
        printf("F=%d  C=%.2f \n",F,C);
```

```
        F=F+1; }
    }
```

以上程序是用while循环输出一张华氏温度与摄氏温度转换表，其中华氏温度的取值范围是[30-35]。

由于循环体包含3条语句，所以应该用大括号将循环体括起来，构成复合语句。以上程序的运行结果如图4-2所示。

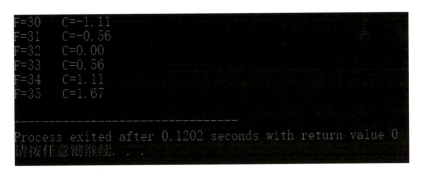

图4-2 运行结果

小试牛刀

例4-5

```
#include<stdio.h>
main()
{int F;  float C;
    F=30;
    while(F<=35);
    {C= 5* (F-32)/9.0;
        printf("F=%d  C=%.2f \n",F,C);
    F=F+1; }
}
```

【二维码 4-1-2】

请将上述程序改错，并说明原因。

任务实施

要求输入学生的百分制成绩，统计所有学生成绩的平均分。

在本任务中，要求输入学生的百分制成绩，因此可以设置循环条件为成绩变量grade大于等于0，并且小于等于100。设置一个计数器变量count用于统计输入的学生个数。设置一个累加器变量sum用于存储所有学生成绩的总分。程序如下。

```
#include<stdio.h>
main()
{float sum=0,score;
    int count=0;
    scanf("%f",&score);
    while(score>=0&&score<=100)
    {count++;
        _____
        _____
    }
    printf("平均分为%.2f \n",sum/count);
}
```

【二维码 4-1-3】

小试牛刀

将上述程序补充完整。

任务总结

(1)记录易错点。

_____

_____

_____

(2)通过完成以上任务,你有哪些心得体会?

_____

_____

_____

_____

任务拓展

输入一个整数,将其逆序输出。例如:输入"12345",输出"54321"。

(1)写出你针对上述问题的程序设计思路。

_____

_____

_____

（2）源代码的设计如下。

【二维码 4-1-4】

任务二

数字轻敲　位数我揭晓——
do...while 循环

任务描述

编写程序，从键盘输入一个整数，计算该整数有几位数（例如：输入"123"，输出"3"；输入"1234"，输出"4"；输入"1"，输出"1"）。

任务分析

本任务的基本思路是将整数反复除以 10，直到商为 0 为止，执行除法的次数就是该整数的位数。由于整数至少有一位数，也就是循环体至少要执行一次，所以选用"直到型"循环更合适，即 do...while 循环。

请同学们根据分析，搜集相关资料，思考以下问题。

（1）do...while 循环的一般格式是什么？

（2）do…while 循环的执行特点是什么？

_____

_____

📖 任务分组

按照 5 人一组，将班级学生进行分组，分别代表组长、任务汇报员、信息资料整理员、代码汇错员、程序操作员。要求分工明确，轮流安排组长，给每个人提供组织协调的平台，注意培养学生的团队合作能力。学生任务分组表见表 4-3。

表 4-3　学生任务分组表

班级		组号		任务	
组员	学号	角色分配		工作内容	

💻 任务准备

4.2　do…while 循环

4.2.1　do…while 循环的一般形式

do…while 循环的一般形式如下。

```
do{
    语句序列；
}while(表达式)；
```

在 do…while 循环中，关键字 do 后面大括号内是循环体，while 后的表达式规定了循环条件。

do…while 循环是先执行循环体，再判断用来表示循环条件的表达式是否为真，如果为真（非 0）则继续循环，如果为假则终止循环。

4.2.2　do…while 循环的执行特点

do…while 循环的执行特点是"先执行循环体，再判断条件"。do…while 循环的执行过程如图 4-3 所示。

（1）执行一次循环体，即语句序列。

（2）以表达式作为循环条件，若结果为真则转到步骤（1），若结果为假则转到步骤（3）。

（3）结束循环，执行 do…while 循环之后的语句。

从以上执行过程可知，do…while 循环是先执行循环体后判断循环条件，因此循环次数>0。

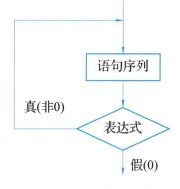

图 4-3　do…while 循环的执行过程

4.2.3　do…while 循环的说明

1. do…while 循环的执行特点

do…while 循环的执行特点是"先执行循环体，再判断循环条件"，因此循环体至少被执行一次。

例 4-6

```c
#include <stdio.h>
main()
{int x;
    scanf("%d", &x);
    do
    {x--;
        printf("%d ",x);
    } while(x>5);
}
```

【二维码 4-2-1】

小 试 牛 刀

简述上述程序输出结果的过程。

2. 循环条件表达式

循环条件表达式可以是任意类型的表达式，一般是关系表达或逻辑表达式，只要表达式的值为真（非 0）就可以继续循环，只有当其值为 0 时才认为循环条件为假，此时结束循环。需要特别注意的是"while(表达式);"中的";"不能省略。

例 4-7

```c
#include <stdio.h>
main()
{
    do{
        printf("#");
    }while(1);
}
```

【二维码 4-2-2】

小 试 牛 刀

简述上述程序输出的结果。

3. 避免死循环

在 do…while 循环的循环条件表达式或循环体中，必须有使循环条件表达式的值变为 0（假）的操作，否则将无限地执行循环，即成为死循环。

循环体内一般要有能够改变表达式值的操作，最终使表达式的值变为 0；如果没有改变表达式值的操作，也可以在循环体内借助 break 语句强行退出循环。

4. 循环体语句

循环体是一条语句或一个空语句时，其左、右大括号可以省略。

循环体是一组语句时，必须用大括号将循环体括起来，构成复合语句。

4.2.4　比较 do…while 循环和 while 循环

例 4-8

```
#include<stdio.h>                    #include<stdio.h>
main( )                              main( )
{char ch ;                           {char ch ;
   ch=getchar() ;                       ch=getchar() ;
   do                                   while(ch!='*')
   {putchar(ch) ;                       {putchar(ch);
      ch=getchar( ) ;                       ch=getchar( );
   }while(ch! ='*');                     }
}                                    }
```

小 试 牛 刀

(1) 简述上述程序实现的功能。

(2) 输入 "AB＊""＊AB＊"，查看程序输出的结果。

【总结】

【二维码 4-2-3】

while 循环：先判别循环条件，再决定是否执行循环体。

do…while 循环：至少执行一次循环体，然后根据循环条件决定是否继续循环。

📡 任务实施

程序如下

```
#include <stdio.h>
main()
{
```

```
    int num,count=0;
    scanf("%d",&num);
    do
    {
        num=num/10;
        count++;
    }while(num! =0);
    printf("count=%d",count);
}
```

【二维码 4-2-4】

小试牛刀

请根据以上程序完成表 4-4(以输入"123"为例)。

【二维码 4-2-5】

表 4-4　任务程序运行结果分析

循环次序	num＝num/10	count++
循环第一次		
循环第二次		
循环第三次		

任务总结

(1)记录易错点。

_____

_____

(2)通过完成以上任务,你有哪些心得体会?

_____

_____

任务拓展

使用 do…whlie 循环实现打印 1～10 的数字。

(1)写出你针对上述问题的程序设计思路。

_____

_____

_____

_____

编程语言基础——C 语言（第 2 版）

（2）源代码的设计如下。

【二维码 4-2-6】

任务三

数字之妙　演绎无数可能——for 循环

任务描述

解决数学问题：求 10！（10！ $=1×2×3×4×⋯×10$）。

任务分析

在本任务中，"有规律的重复"表现为每次在上次乘积的基础上再乘以比上次乘数大 1 的数，因此应该使用循环结构实现。从 1 到 10 共有 10 个数相乘，也就是循环变量初始值、步长增量、循环次数都已确定，因此适合使用 for 循环实现。

请同学们根据分析，搜集相关资料，思考以下问题。

（1）for 循环的一般形式是什么？

（2）for 循环的执行过程是什么？

 **任务分组**

按照5人一组，将班级学生进行分组，分别代表组长、任务汇报员、信息资料整理员、代码汇错员、程序操作员。要求分工明确，轮流安排组长，给每个人提供组织协调的平台，注意培养学生的团队合作能力。学生任务分组表见表4-5。

表4-5 学生任务分组表

班级		组号		任务	
组员	学号	角色分配		工作内容	

 **任务准备**

4.3 for 循环

4.3.1 for 循环的一般形式

for 循环的一般形式如下。

```
for(表达式1;表达式2;表达式3)
{
    语句序列;
}
```

在 for 循环中有 3 个表达式，它们可以是任何合法的表达式。

(1)表达式1：初始值表达式，一般是一条赋值语句，指定循环的初始值。

(2)表达式2：循环条件表达式，用于给出循环条件。

表达式2通常为关系表达式或逻辑表达式。在执行 for 循环时，若表达式2的值为真，则循环继续，若为假则循环结束。

(3)表达式3：步长表达式，用于改变循环变量的值，从而改变表达式2的结果。

(4)语句序列是需要重复执行的循环体，可以是单条语句，也可以是用花括号括起来的复合语句。

容易理解的 for 循环的形式如下

```
for(循环变量赋初始值;循环条件;循环变量步长)循环体语句
```

4.3.2　for 循环的执行过程

for 循环的执行过程如图 4-4 所示。

(1)计算表达式 1 的值,即对循环变量赋初始值。

(2)以表达式 2 作为循环条件,若结果为真则转到步骤(3),若结果为假则转到步骤(5)。

(3)执行一次循环体,即语句序列。

(4)计算表达式 3,即对循环变量进行更新,转到步骤(2)。

(5)结束循环,执行 for 循环之后的语句。

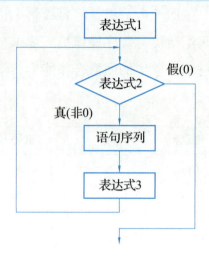

图 4-4　for 循环的执行过程

4.3.3　for 循环的说明

(1)在 for 循环中,3 个表达式均可缺省,但起分隔作用的两个分号是不能省略的。例如:

```
for(  ;  ;  )        相当于 while(1) 语句
```

(2)可以省略表达式 1。当省略表达式 1 时,可以在 for 循环之前加一条使循环变量获得初始值的语句。例如:

```
i=1;
for(;i<=100; i++)
{sum=sum+i; }
```

小 试 牛 刀

问题:省略表达式 1 之后如何执行 for 循环?

(3)省略表达式 2 时,可以在 for 循环中通过 break 语句控制退出循环,否则将出现死循环。例如:

【二维码 4-3-1】

```
for(i=1;;i++)
{if (i>100)  break;
    sum=sum+i;
}
```

小 试 牛 刀

问题:省略表达式 2 之后如何保证不出现死循环?

(4)省略表达式 3 时,可以在循环体中改变循环变量的值。例如:

【二维码 4-3-2】

```
for(i=1;i<=100;)
{sum=sum+i;
i++;}
```

小试牛刀

问题：省略表达式 3 之后如何保证 for 循环正常执行？

（5）表达式 1 可以是设置循环变量的初始值的赋值表达式，也可以是其他表达式。例如：

【二维码 4-3-3】

```
for(sum=0; i<=100;i++)
sum=sum+i;
```

小试牛刀

问题：表达式 1 为何种表达式？

（6）表达式 1 和表达式 3 可以是一个简单表达式，也可以是逗号表达式。例如：

【二维码 4-3-4】

```
for(sum=0,i=1; i<=100;i++)
sum=sum+i;
```

小试牛刀

问题：表达式 1 和表达式 3 为何种表达式？

（7）表达式 2 一般是关系表达式或逻辑表达式，但也可以是数值表达式或字符表达式，只要其值非零就执行循环体。例如：

【二维码 4-3-5】

```
for( ; (c=getchar())! ='\n';    )
printf("%c",c);
```

小试牛刀

问题：表达式 2 为何种表达式？

4.3.4　三种循环结构的选择

通常状况下这三种循环结构是通用的，但在使用上各有特色。

【二维码 4-3-6】

（1）如果在执行循环体之前能够确定循环次数，或者能够确定循环变量的初始值、终值和步长，则一般选用 for 循环。

（2）如果循环次数由循环体的执行情况决定，并且循环体有可能一次也不执行，则一般选用 while 循环。

（3）如果循环次数由循环体的执行情况决定，并且循环体至少执行一次，则一般选用 do…while 循环。

任务实施

程序如下。

```
#include <stdio.h>
main()
{ int i,t=1;
    for(i=1; i<=10; i++)
    t* =i;
    printf("10! =%d", t);
}
```

【二维码 4-3-7】

小试牛刀

(1)简述以下每条语句在上述程序中的作用。

```
i=1
i<=10
i++
```

【二维码 4-3-8】

(2)写出上述程序的运行结果。

_____

_____

_____

_____

【二维码 4-3-9】

任务总结

(1)记录易错点。

_____

_____

(2)通过完成以上任务,你有哪些心得体会?

_____

_____

任务拓展

已知华氏温度 F 与摄氏温度 C 的关系是 $C=5/9×(F-32)$,编写程序,计算华氏温度 F 为-10, 0, 10, 20, …, 290 时摄氏温度 C 的值。

（1）写出你针对上述问题的程序设计思路。

_____

_____

_____

_____

（2）源代码的设计如下。

_____

_____

_____

【二维码 4-3-10】

_____

_____

_____

_____

任务四

口诀轻诵　演绎千变万化——循环嵌套

🔍 任务描述

使用 C 语言解决数学问题：打印九九乘法表。

💡 任务分析

在本任务中，"有规律的重复"表现为每次在上次乘积的基础上再乘以比上次乘数大 1 的数，因此应该使用循环结构实现。变量从 1 到 9 共有 9 个数相乘，也就是循环变量初始值、步长增量、循环次数都已确定，而九九乘法表需要 2 个变量来实现变化，因此适合使用 for 循环嵌套实现。

请同学们根据分析，搜集相关资料，思考以下问题。

(1)循环嵌套的定义是什么?

_____

_____

(2)循环嵌套的分类是什么?

_____

_____

📖 任务分组

按照 5 人一组,将班级学生进行分组,分别代表组长、任务汇报员、信息资料整理员、代码汇错员、程序操作员。要求分工明确,轮流安排组长,给每个人提供组织协调的平台,注意培养学生的团队合作能力。学生任务分组表见表 4-6。

表 4-6　学生任务分组表

班级		组号		任务	
组员	学号	角色分配		工作内容	

🖥 任务准备

4.4　循环嵌套

4.4.1　循环嵌套的定义

循环嵌套是指在一个循环结构的循环体内部又包含一个完整的循环结构。处于循环体内部的循环结构称为内层循环,处于循环体外部的循环结构称为外层循环。如果内层循环中再包含其他循环结构,则称为多重循环。

根据解决问题的需要及循环的使用特色,for 循环、while 循环和 do…while 循环可以自身嵌套,也可以互相嵌套。为了使层次分明,循环嵌套的书写最好采用缩进形式。

4.4.2　循环嵌套的分类

循环嵌套的分类见表 4-7。

表 4-7　循环嵌套的分类

for 循环嵌套 while 循环
 	
for(　;　;　)
{
　…
　while(　)
　{…}
}
	while 循环嵌套 do…while 循环
	
	while(　)
	{
	　do {…}
	　while(　);
	}
		do…while 循环嵌套 do…while 循环
		
		do
		{
		　do
		　{…} while(　);
		} while(　);

for 循环嵌套 for 循环
 	
for(　;　;　)
{
　…
　for(　;　;　)
　{…}
}
	while 循环嵌套 for 循环
	
	while(　)
	{
	　for(　;　;　)
	　{…}
	}
		do…while 循环嵌套 for 循环
		
		do
		{
		　for(　;　;　)
		　{…}
		} while(　);

4.4.3　循环嵌套的执行

执行循环嵌套时，内层的循环体会作为独立的语句执行，即在某次执行外层循环的循环体的过程中，当执行到内层的循环体时，要将内层循环体执行完毕，才能继续执行外层循环的循环体中其后尚未执行的语句。也就是说，外层循环的循环体每执行一次，内层循环体就要执行一次。

通俗地讲就是：外循环每走一次，内循环就都要走一次。

例 4-9

```c
#include<stdio.h>
main()
{int i,j;
    for(i=1;i<=2;i++)
    for(j=1;j<=2;j++)
    {
        printf("%3d ",i+j);
    }
}
```

【二维码 4-4-1】

小试牛刀

(1)简述上述程序输出结果的过程。

_____

_____

_____

【二维码 4-4-2】

(2)完成表 4-8。

表 4-8　变量的变化分析

i 的值	j 的值	i+j 的值

任务实施

程序如下。

```
#include <stdio.h>
main()
{int i,j;
    for(i=1;i<=9;i++)
    {for(j=1;j<=9;j++)
        printf("%d* %d = %-3d", j,i,i* j);
    printf("\n"); }
}
```

【二维码 4-4-3】

小试牛刀

(1)请根据上述程序写出运行结果(图 4-5)。

【二维码 4-4-4】

(2)思考：上述程序输出的九九乘法表与平时数学课所学的九九乘法表有何不同？在程序中更改什么语句可以实现九九乘法表格式的变化？

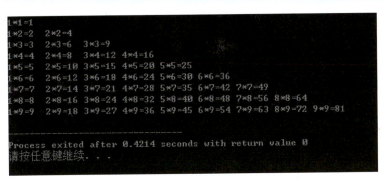

【二维码 4-4-5】

图 4-5　程序运行结果

任务总结

（1）记录易错点。

（2）通过完成以上任务，你有哪些心得体会？

任务拓展

我国古代数学家张丘建在《算经》一书中提出以下数学问题。鸡翁一值钱五，鸡母一值钱三，鸡雏三值钱一。百钱买百鸡，问鸡翁、鸡母、鸡雏各几何？

（1）写出你针对上述问题的程序设计思路。

【二维码 4-4-6】

（2）源代码的设计如下。

【二维码 4-4-7】

任务五

明眸之鉴——break 语句和 continue 语句

🔍 任务描述

编写程序，解决实际问题。现行推广使用的对数视力表采用 5 分记录法，六岁以上的儿童或成人有 5.0 及以上的视力方为正常视力。编写两个程序，实现以下功能。

(1)输入 10 个中学生的裸眼视力，判断是否含有非正常视力。

(2)输入 10 个中学生的裸眼视力，输出其中的非正常视力并统计非正常视力出现的次数。

💡 任务分析

在本任务中，程序有可能不是完整地执行 10 次循环，这时需要根据情况在循环结构中加入转移控制语句：break 语句或 continue 语句。

请同学们根据分析，搜集相关资料，思考以下问题。

(1)break 语句的功能是什么？

_____

_____

(2)continue 语句的功能是什么？

_____

_____

📖 任务分组

按照 5 人一组，将班级学生进行分组，分别代表组长、任务汇报员、信息资料整理员、代码汇错员、程序操作员。要求分工明确，轮流安排组长，给每个人提供组织协调的平台，注意培养学生的团队合作能力。学生任务分组表见表 4-9。

表 4-9　学生任务分组表

班级		组号		任务	
组员	学号	角色分配		工作内容	

任务准备

4.5　break 语句

break 语句可以使程序跳出 switch 结构，转而执行 switch 结构之后的语句。

实际上 break 语句的作用不止如此，它还可以用于 for 循环、while 循环以及 do…while 循环，使程序跳出循环，转移到循环之后的语句。

break 语句用于结束整个循环。break 语句只能在循环语句和开关语句中使用。

当 break 语句用于循环结构时，可以使程序终止循环而执行循环结构后面的语句。break 语句总是与 if 语句一起使用，即满足条件时跳出循环。

例 4-10【著名的爱因斯坦阶梯问题】有一个长阶梯，若每步上 2 阶，则最后剩下 1 阶；若每步上 3 阶，则最后剩下 2 阶；若每步上 5 阶，则最后剩下 4 阶；若每步上 6 阶，则最后剩下 5 阶；若每步上 7 阶，则最后刚好一阶也不剩。请问该阶梯至少有多少阶。

程序如下。

```c
#include <stdio.h>
main()
{int i;
    for(i=7;1;i=i+7)
    {if(i%3==2&&i%5==4&&i%6==5)
       {printf("%d",i);
          break;
}}}
```

小试牛刀

(1) 该程序的设计思想是什么？

_____

_____

_____

_____

【二维码 4-5-1】

(2) 程序的运行结果是什么？

_____

_____

_____

_____

_____

【二维码 4-5-2】

4.6 continue 语句

continue 语句只能用在循环结构中，用来提前结束本轮循环，进入下一轮循环。也就是说，continue 语句的功能是结束循环体的本次执行，即跳过循环体中 continue 语句后面的剩余语句而进入下一次循环。continue 语句与 break 语句的区别是：前者只是提前结束本轮循环，进入下一轮循环，也就是不执行本轮循环中 continue 之后的语句，并不跳出循环结构，而后者则直接跳出循环结构。

continue 语句只能在 for 循环、while 循环或 do…while 循环中使用，常与 if 语句结合使用，用来结束循环。

continue 语句的功能是结束循环体的本次执行，而不是终止整个循环的执行。

例 4-11

```
#include <stdio.h>
main()
{int i;
    for( i=1;i<=30;i++)
    {if(i%3==0)
        continue;
        printf("%5d",i);
    }
}
```

小试牛刀

（1）上述程序的运行结果是什么？

_____

_____

_____

_____

【二维码 4-5-3】

（2）完成表4-10。

表 4-10 循环结构分析

变量 i	条件 i%3==0	输出
1		
2		
3		
4		
5		
…		
30		

【二维码 4-5-4】

（3）若将上述程序中的 continue 语句换成 break 语句，则程序的运行结果是什么？

_____

_____

_____

【二维码 4-5-5】

4.7　break 语句和 continue 语句的比较

可以用生活中小孩吃大枣的例子来形象地解释 break 语句和 continue 语句的区别。

对于一盘大枣，小孩吃完一颗，接着吃下一颗。当吃到第三颗大枣时，小孩发现大枣坏了，顿时没了食欲，则终止了吃大枣的动作（图 4-6）。这就像 break 语句的执行特点一样，当满足某个条件时就终止整个循环。

图 4-6　break 语句的比喻

小孩在吃大枣时，当发现第三颗大枣坏了时，跳过坏了的大枣，继续吃后面的大枣（图 4-7）。这与 continue 语句的执行特点相似，当遇到某种情况时，仅结束本次循环，执行下一次循环。

图 4-7　continue 语句的比喻

任务实施

下面解决本任务的问题。

(1)输入 10 个中学生的裸眼视力，判断是否含有非正常视力。程序如下。

```
#include <stdio.h>
main()
{int i,t=0; float x;
    printf("请输入 10 个学生的视力:");
    for(i=1;i<=10;i++)
    {scanf("%f",&x);
        if(x<5.0)
        {t=1;
        _____;}
    }
    if(_____)
    printf("有非正常视力 \n");
    else
    printf("没有非正常视力 \n");
}
```

【二维码 4-5-6】

小试牛刀

请将上述程序补充完整。

【二维码 4-5-7】

(2)输入 10 个中学生的裸眼视力，输出其中的非正常视力并统计非正常视力出现的次数。程序如下。

```
#include <stdio.h>
main()
{int i,t=0; float x;
    printf("请输入 10 个学生的视力:");
    for(i=1;i<=10;i++)
    {scanf("%f",&x);
        if(x>=5.0)
        _____;
        printf("%5.1f",x);
        _____;}
    printf("\n 非正常视力出现%d 次 \n",t);
}
```

小试牛刀

请将上述程序补充完整。

_____

_____

_____

_____

【二维码 4-5-8】

任务总结

(1)记录易错点。

_____

_____

(2)通过完成以上任务，你有哪些心得体会?

_____

_____

任务拓展

判断一个数是否为素数。

(1)写出你针对上述问题的程序设计思路。

_____

_____

（2）源代码的设计如下。

_____

_____

_____

_____

_____

【二维码 4-5-9】

项目复盘

通过个人自评、小组互评、教师点评，从三方面对本项目内容的学习掌握情况进行评价，并完成考核评价表。考核评价表见表 4-11。

表 4-11　考核评价表

序号	评价项目	评价内容	分值	自评（30%）	互评（30%）	师评（40%）	合计
1	职业素养（30分）	分工合理，制订计划能力强，严谨认真	5				
		爱岗敬业，具有安全意识、责任意识、服从意识、环保意识	5				
		能进行团队合作，与同学交流沟通、互相协作、分享能力	5				
		遵守行业规范、现场 6S 标准	5				
		主动性强，保质保量完成工作页相关任务	5				
		能采取多样化手段收集信息、解决问题	5				
2	专业能力（60分）	掌握 while 循环的使用	10				
		掌握 do…while 循环的使用	10				
		会用 for 循环解决实际问题	15				
		掌握循环嵌套的应用	10				
		理解并掌握跳出语句从而提升编程能力	15				
3	创新意识（10分）	创新性思维和行动	10				
	合计		100				
评价人签名：					时间：		

项目达标检测

一、选择题

1. 以下程序段的运行结果是(　　)。

```
int a=-3,b=-4;
while(++a&&b++);
printf("%d,%d\n",a,b);
```

A. 0, -2　　　　　B. 0, -1　　　　　C. 0, 0　　　　　D. 1, 0

2. 以下程序段的运行结果是(　　)。

```
int x=3;
do{
    printf("%2d",X-=2);
}while(!(-- x));
```

A. 2-1　　　　　B. 1-3　　　　　C. 1-2　　　　　D. 0-3

3. 若 i 是 int 型变量,则以下循环体执行的次数是(　　)。

```
for(i=2;i==0;)
printf("%d\n",j--);
```

A. 0　　　　　B. 1　　　　　C. 2　　　　　D. 无限次

4. 下列有关 for 循环的描述正确的是(　　)。

A. for 循环中的 3 个表达式都不能缺少

B. 在 for 循环中可以使用 continue 语句跳出循环体

C. for 循环只能用于循环次数已经确定的情况

D. for 循环的循环体可以包含多条语句,但必须用花括号括起来

5. 在以下程序中,"i>j"执行的次数是(　　)。

```
#include<stdio.h>
main()
{int i=0,j=10,k=2,s=0;
    for(;;)
    {i+=k;
        if(i>j)
        {printf("%d",s);
        break;}
    s+=i;} }
```

A. 4　　　　　　　B. 7　　　　　　　C. 5　　　　　　　D. 6

二、填空题

1. 以下程序的输出结果是_____。

```
#include(stdio.h>
main()
{int k=0,m=0;
    int i,j;
    for(i=0;i<2;i++)
    {for(j=0;j<3:j++)
    k++; k-=j;}
    m=i+j;
    printf("k=%d,m=%d",k,m);
}
```

2. 以下程序的功能是找出 100～200 的所有素数,且一行只打印 7 个数,请完成程序填空。

```
#include <stdio.h>
main()
{int num,i,t,count;
    _____
    for(num=100;num<=200;num++)
    {_____;
        for(_____;i<=num-1;i++)
        if(num%i==0)
        {t=0;_____; }
        if(t==1)
        {printf("%5d",num); count++;
            if(_____)
            printf("\n");
}}}
```

三、程序分析题

阅读以下程序,请写出程序运行结果。

```
#include<stdio.h>
main()
{int i,j,k;
    for(i=1;i<=5;i++)
    {
```

```
    for(j=1;j<=i;j++)
    printf(" ");
    printf("* ");
    for(k=1;k<=10-2* i;k++)
    printf(" ");
    printf("* ");
    printf("\n");
}}
```

四、程序设计题

1. 编写程序，输出 50~100 的所有不能被 7 整除的整数。

2. 求分数序列 1/2，2/3，3/5，5/8，8/13，13/21，…前 20 项之和。

【项目四所有答案解析】

项目五

植树活动数据分析与汇总——数组

习近平总书记在党的二十大报告中强调："大自然是人类赖以生存发展的基本条件。尊重自然、顺应自然、保护自然，是全面建设社会主义现代化国家的内在要求。必须牢固树立和践行绿水青山就是金山银山的理念，站在人与自然和谐共生的高度谋划发展。"

项目描述

　　李尧和家人住在新疆吐鲁番盆地的东缘，一个世界上离沙漠最近的城市，他们一家人深深地感受到沙漠给自己的家园带来的危害。为了不让沙漠扩大化，他从小在家人的带领下到沙漠边缘植树。在河南，李尧有一个关系很好的网友马老师，他们经常交流生活、学习情况，更是经常提起沙漠对生活的影响。马老师受其感染，决定在植树节带领学生举行植树比赛，让学生了解植树的意义，学会珍惜生活，做一个爱林护林的中学生，为城市贡献一抹绿色。

　　在以上案例中，若要分析学生植树比赛的结果，需要处理多个植树数据。在学习及生活中，例如成绩统计、学习进度分析、体检数据处理、数学问题、家庭的收入及开销等，也会涉及大量的数据处理。若使用前面介绍的循环，数据用完就会被直接丢弃，并没有存储，导致仅能完成简单任务，用户无法再次利用原始数据处理问题。其实，在很多任务中，输入的数据有被存储的需求，以方便进一步研究。C语言通过引入数组来实现多个数据的存储、查询和处理。

项目目标

（1）理解一维数组、二维数组在内存中的存储情况。

（2）掌握一维数组的定义、引用及初始化。

（3）掌握二维数组的定义、引用及初始化。

（4）掌握字符数组的定义及引用。

项目规划

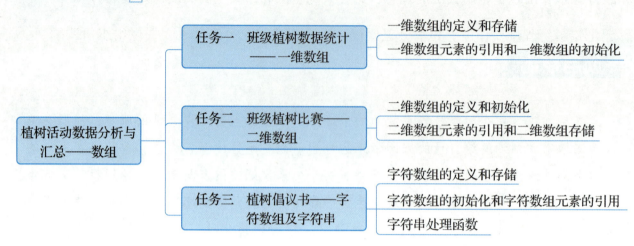

任务一

班级植树数据统计——一维数组

任务描述

表 5-1 所示是马老师班级学生植树情况。请统计植树总数，分析哪种树苗被种植最多，哪种树苗被种植最少，学生偏爱的树苗分别被种植了多少棵(超过种植树苗平均值的是学生偏爱的树苗)。

表 5-1　学生植树情况

树苗品种	桃树	梨树	杏树	苹果树	柳树
树苗数量	23	13	15	10	20

任务分析

本任务需要输入数据→通过比较数据求最大值、最小值及求和→求平均→找出数组中比平均值大的数据→输出结果。在本任务中需要两次遍历数组，所有数据必须存储到一维数组中。若使用简单的循环则数据会被覆盖。

 **任务分组**

按照 5 人一组，将班级学生进行分组，分别代表组长、任务汇报员、信息资料整理员、代码汇错员、程序操作员。要求分工明确，轮流安排组长，给每个人提供组织协调的平台，注意培养学生的团队合作能力。学生任务分组表见表 5-2。

表 5-2 学生任务分组表

班级		组号		任务	
组员	学号	角色分配		工作内容	

 **任务准备**

5.1 一维数组的定义和存储

数组是为了方便处理若干个数据而将具有相同类型的若干变量依次存储的一种形式。请分解上面概念的关键字：

_____、_____、_____。

（1）"依次存储"的含义。

例如："int a，b，c;"定义的 3 个变量在内存中的存储位置是随机的，没有任何规律；而数组是将多个数据依次存储，数组中多个数据在内存中占据一段连续的存储单元，如图 5-1 所示。

【二维码 5-1-1】

1	21	4	2	5	7	16	10	9	8

图 5-1 数组在内存中的存储方式

（2）"依次存储"的作用。

因为能存储数据，所以可以实现数据的多次调用；因为占有连续的存储单元，所以方便单独调用或批量处理。

（3）"具有相同类型"的意义。

图 5-1 所示是一个整型数组,即数组中的每个元素都是整型的,不能出现其他类型。

5.1.1 一维数组的定义

简单变量的定义如下。

```
类型说明符 变量名;
```

例如:

```
int a,b,c;
```

一维数组的定义如下。

```
类型说明符 数组名[整型常量表达式];
```

例如:

```
int a[3];
```

请对比简单变量定义与一维数组定义的异同。

相同之处:_____

_____

【二维码 5-1-2】

不同之处:在一维数组的定义中,数组名后面出现"整型常量表达式",这代表这个数组中含有的元素个数,也称为数组的长度。

小试牛刀

根据党的二十大报告对"加强青少年体育工作"的重要部署,学校组织了各类体育运动兴趣小组。6 月 10 日,学校预备举行跳水比赛,该比赛中有 5 个裁判,按照十分制打分,可以精确到小数点后一位小数。若要将 5 个裁判的成绩存储到数组中,请问如何定义该数组?指出数组类型、数组名和数组元素个数。

【二维码 5-1-3】

_____

_____

_____

敲黑板

数组定义中的整型常量表达式可以是一个整型常数、一个值为整型常数的表达式,或者一个符号常量,但不能是变量,C 语言不允许对数组进行动态定义。

例如:下面的数组定义是错误的。

```
int n=3;
int a[n];
```

5.1.2　一维数组的存储

简单变量在定义后，系统会在内存中分配一个存储空间给这个变量。例如"float m;"，系统会分配 1 个 4 字节的存储空间给变量 m，并等待输入数值。

数组在被定义后，系统在内存中为其分配的是一段连续的存储空间，数组名表示内存的首地址。例如，"float a[3];"就相当于定义了 3 个浮点型变量，因此系统会分配 3 个 4 字节的存储空间给数组 a[3]。如图 5-2 所示，数组名是首地址，每个数组元素的位置可以表示为相对于首地址的位置偏移量。例如数组 a 中第 1 个元素相对于首地址偏移 0 个单位，第 3 个元素相对于首地址偏移 2 个单位。对应的数组元素的命名为 a[0]、a[2]。

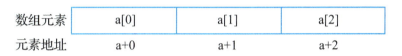

数组元素	a[0]	a[1]	a[2]
元素地址	a+0	a+1	a+2

图 5-2　数组元素的偏移量及命名

5.2　一维数组元素的引用和一维数组的初始化

5.2.1　一维数组元素的引用

数组元素是组成数组的基本单元。对于整型、浮点型数组，C 语言只能逐个引用数组元素，而不能一次性引用整个数组。

数组元素引用的一般形式如下。

```
数组名[下标]
```

例如，a[0]是数组 a 中的第 1 个元素，可以将其看作一个简单变量。其下标可以是整型常量或整型表达式。下面的赋值表达式包含了对数组元素的引用。

```
a[i]=a[2* 2]+a[0]+a[j-1];
```

其中，变量 i 与 j 是整型变量。

敲黑板

数组元素是依据数组元素的存储位置命名的。数组元素的下标是从 0 开始的，表示第 1 个数组元素相对于首地址的偏移量为 0；数组中最后的元素的下标比数组的个数少 1。例如，对于数组 a[3]，最后的元素是 a[2]。

【二维码 5-2-1】

数组 m[20]中元素下标的范围是什么？_____

定义数组时的"数组名[整型常量表达式]"与引用数组元素时的"数组名[下标]"形式类似，但含义不同。例如：

```
float score[10];//这里的score[10]表示_____
t=score[0];//这里的score[0]表示_____
```

引用数组元素时中括号中的"整型表达式"，与定义数组时中括号中的"整型常量表达式"并不一样，引用数组元素时中括号中的"整型表达式"可以是常数，也可以是变量。例如，a[i]、a[i-1]都是合法的，但它们必须是整型的，如果出现浮点数程序就会报错。例如：

```
float a[5],i;
for(i=0;i<5;i++)
scanf("%d",&a[i]);
```

以上程序段报错的原因是：_____

根据数组元素下标的特点，可以通过控制下标的方式对数组元素进行引用。由于数组是多个数据元素的集合，因此一维数组经常与循环语句搭配使用。

例 5-1　输入 10 个整数，再进行逆序输出。请根据表 5-3 中解题思路的提示，完成右边程序的编写。

表 5-3　解题思路及程序编写对比

【二维码 5-2-2】

解题思路	程序编写

第一步：定义一个含有 10 个元素的整型数组，同时定义数组元素下标变量	#include<stdio.h>
	main( )
	{
	　　int _____ ,i;

第二步：为数组输入数值，可以用循环控制下标 0~9，从而控制数组元素 a[0]~a[9]，每个数组元素相当于一个普通变量，因此输入语句中数组元素前面也要加上"&"符号	for(i=0;_____;i++) scanf("%d",_____);

第三步：输出数组中的数值，逆序输出即从最后一个数组元素往前输出，下标的起始值为 9	for(i=9;_____;_____)
	printf("%5d",_____);
	}

5.2.2　一维数组的初始化

定义数组后，系统为其分配一段连续的存储空间，其中并没有确定的数值。用户可以通过类似例 5-1 的方式，为数组元素逐个输入数值，也可以直接初始化。一维数组的初始化可以用"初始化列表"的方法实现，列表中的数据用逗号隔开，按照顺序放置在一对花括号中。

（1）为全部元素赋初始值。例如：

```
int m[5]={0,2,4,6,8};
```

花括号中列出的数据会依次存放到数组定义的存储空间中，如图 5-3 所示。

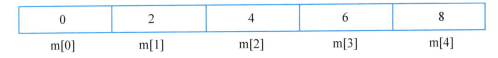

0	2	4	6	8
m[0]	m[1]	m[2]	m[3]	m[4]

图 5-3　全部赋值的存储

在为全部元素赋初始值时，由于元素的个数已经确定，因此数组长度可以省略不写。以上定义可以修改如下。

```
int m[ ]={0,2,4,6,8};
```

（2）为部分元素赋初始值。例如：

```
int m[5]={0,2};
```

上述语句定义数组 m 有 5 个元素，系统依然会分配 5 个存储空间，但花括号中只提供 2 个元素的值，表示只为前面 2 个元素赋初始值，系统自动为后面 3 个元素赋初始值 0，如图 5-4 所示。

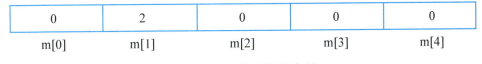

0	2	0	0	0
m[0]	m[1]	m[2]	m[3]	m[4]

图 5-4　部分赋值的存储

敲黑板

（1）若要为数组中的全部元素赋初始值 0，不能写成"int a[5]；"，而要写成"int m[5]={0}；"。

因为前者仅是定义 5 个整型存储空间，并未赋初始值，而后者是一种为部分元素赋初始值的形式，即为第 1 个元素赋初始值 0，系统会自动为后面 4 个元素赋初始值 0。

（2）如果初始值的类型与数组类型不一致，系统会如何处理？请检测下面例子的结果。

```
int m[5]={1.5,2,4,6,8};
```

【二维码 5-2-3】

输出数组 m 元素的结果是：＿＿＿＿＿＿＿＿＿＿＿＿＿＿＿

得出结论：_____

(3)如果赋初始值时，"{ }"中的数据个数超过数组的长度会怎样呢？例如：

```
int m[5]={1,2,4,6,8,9};
```

运行的结果：_____

得出结论：_____

(4)请检测数组初始化可否写成下列样式。

```
int a[5];
a[5]={1,2,3};
```

运行的结果：_____

得出结论：_____

任务实施

　　任务描述中需要处理的数据个数为数组元素总数。为了增加程序的普适性，树苗数量尽量使用输入语句处理而不进行初始化。根据要求，需要计算数组中的最大值、最小值、所有元素之和，因为最大值、最小值和初始值一定是数组中的元素，所以一般将数组的第 1 个元素 a[0]设为数组中的最大值、最小值和初始值，再通过循环语句与后面的元素比较或者进行累加，通过累加求出平均值，再次循环遍历数组元素，求出大于平均值的元素并输出。

　　请根据任务描述补全下面的程序并运行。

```
#include<stdio.h>
main()
{
    int a[5],max,min,total,i;
    _____;
    printf("请输入评委评分:\n");
    for(i=0;i<5;i++)
    _____;
    _____;
    for(i=1;i<5;i++)
    {
        if(a[i]>max)max=a[i];
        _____;
        total+=a[i];
    }
    ave=_____;
    printf("学生比较喜欢的树苗对应的棵数分别为:");
```

[二维码 5-2-4]

```
    for(i=0;i<5;i++)
    {_____
        printf("%5d",a[i]);
    }
}
```

任务总结

（1）记录易错点。

_____

_____

（2）通过完成以上任务，你有哪些心得体会？

_____

_____

任务拓展

2022 年 6 月 29 日，国际泳联第 19 届世界游泳锦标赛（以下简称"世锦赛"）跳水项目混合全能比赛中，我国两名 15 岁选手全红婵和白钰鸣的组合，经过 6 轮动作比拼，以总分 391.40 分摘取桂冠。两位小将以超强的心态，完美地完成了我国在世锦赛斩获第 100 枚金牌的任务。每场比赛结束后，奖牌榜都会以各个国家的金牌数进行排序，我国在本次锦标赛中获得了世界第二的优异成绩，这是我国"梦之队"团体奋斗的结果。假如各个国家获得的金牌数是 6、5、4、2、0，请试着将金牌数按从小到大的顺序排列。

请你写出针对上述问题的程序设计思路。

_____

_____

【二维码 5-2-5】

_____

源代码的设计如下。

_____

_____

_____

_____

任务二
班级植树比赛——二维数组

🔍 任务描述

在马老师带领班级学生植树的过程中，又有两位老师带领班级学生加入。表 5-4 所示是各班的植树情况，请分析哪个班级植树最多，每种树苗分别被种了多少棵。

表 5-4　3 个班级植树情况统计

班级	树苗品种			
	桃树	梨树	杏树	苹果树
一班	23	13	15	10
二班	12	18	10	20
三班	20	19	21	19

💡 任务分析

不同于任务一，本任务出现了 3 行数据，而且横向、纵向都要分析。对于横向，可以利用每一行计算每个班级的植树总数，再分析得出植树优胜团队；对于纵向，可以利用每一列计算每种树苗被种植了多少棵，分析得出哪种树苗最受欢迎。这种表格数据可以借助二维数组实现统计分析。

📖 任务分组

按照 5 人一组，将班级学生进行分组，分别代表组长、任务汇报员、信息资料整理员、代码汇错员、程序操作员。要求分工明确，轮流安排组长，给每个人提供组织协调的平台，注意培养学生的团队合作能力。学生任务分组表见表 5-5。

表 5-5　学生任务分组表

班级		组号		任务	
组员	学号	角色分配		工作内容	

🖥 任务准备

5.3　二维数组的定义和初始化

二维数组常用于存储矩阵中的各个元素，把二维数组也写成类似矩阵的"行列"排列形式，有助于形象地理解二维数组的意义。

5.3.1　二维数组的定义

一维数组的定义举例：＿＿＿＿＿＿＿＿＿＿＿＿＿＿＿＿＿＿＿

二维数组的定义方法和一维数组相似，例如"float a[2][3];"。

以上定义了一个 float 型的二维数组。"2"是第一维，代表数组的行数为 2；"3"是第二维，代表数组的列数为 3，也就是一行有 3 个元素；整个数组中元素个数为 2×3。

二维数组定义的一般形式如下。

    类型说明符 数组名[整型常量表达式 1][整型常量表达式 2];

请定义一个二维数组，并说明其行数、列数。

＿＿

敲黑板

（1）每个维度分别用一对方括号括起来。"float a[2，3];"的定义方式是错误的，不能在一对方括号内写两个数值。

（2）二维数组定义中的"类型说明符""数组名""整型常量表达式"的规定与一维数组相同。

5.3.2　二维数组的初始化

二维数组也需要通过"初始化列表"进行初始化，如同一维数组，可以给所有元素赋初始值，也可以给部分元素赋初始值。

1. 全部赋值

(1)分行给二维数组赋初始值，例如"int B[3][4]={{0，1，2，3}，{4，5，6，7}，{8，9，10，11}};"。这种赋值方法比较直观，第 1 个花括号中的数据赋给第 1 行元素，第 2 个花括号中的数据赋给第 2 行元素，依此类推。

(2)将所有数据写在一个花括号中，例如"int B[3][4]={0，1，2，3，4，5，6，7，8，9，10，11};"。因为该数组定义第二维为"4"，即一行中有 4 个元素，所以"0，1，2，3"为第一行，"4，5，6，7"为第二行，依此类推。这种赋值方法容易编写，但是不如按行赋值的可读性强。

当为数组的全部元素赋初始值时，可省略第一维长度，但不能省略第二维长度，也就是行数可以省略，列数不能省略。上面两种写法还可以写成如下形式。

```
int B[ ][4]={{0,1,2,3},{4,5,6,7},{8,9,10,11}};
int B[ ][4]={0,1,2,3,4,5,6,7,8,9,10,11};
```

一维数组定义在什么情况也可以省略数组长度？请说明并举例。

【二维码 5-3-1】

2. 部分赋值，未被赋值的元素为 0

(1)分行给二维数组部分元素赋初始值。

例如"int B[3][4]={{0，1}，{4}，{8，9，10}};"表示

```
0  1   0   0
4  0   0   0
8  9  10   0
```

例如"int B[3][4]={{0，1}，{4，5，6}};"表示

```
0  1  0  0
4  5  6  0
0  0  0  0
```

例如"int B[3][4]={{0，1}，{}，{8，9}};"表示

```
0  1  0  0
0  0  0  0
8  9  0  0
```

分行部分赋值也可以省略第一维长度，例如"int B[3][4]={{0，1}，{4}，{8，9，10}};"可以写成"int B[ ][4]={{0，1}，{4}，{8，9，10}};"。

(2)将所有数据写在一个花括号中。

例如"int B[3][4]={1，2};"表示

$$
\begin{matrix}
1 & 2 & 0 & 0 \\
0 & 0 & 0 & 0 \\
0 & 0 & 0 & 0
\end{matrix}
$$

二维数组初始化的所有注意事项同一维数组初始化一样，具体请参照一维数组的相关内容。

敲黑板

（1）请将表5-4用按行赋值的方式表示。

_____

（2）请写全"int a[2][3]={{0，1}，{2}}；"。

_____

（3）请写出一个二维数组部分赋值的语句。

_____

【二维码5-3-2】

5.4　二维数组元素的引用和二维数组的存储

5.4.1　二维数组元素的引用

二维数组元素的表示形式如下。

数组名[行标][列标]

敲黑板

（1）与一维数组元素的下标一样，二维数组元素的行标、列标都是整型表达式。

（2）与一维数组元素对下标的规定一样，二维数组元素的行标和列标也是从0开始，因此元素的行标和列标是其位置减1。例如，a数组中第2行第3个元素应表示为a[1][2]，b数组中的第1行第5个元素应表示为_____。a[2][2]表示a数组中的第3行第3个元素，a[5][0]表示_____。由此可推断，数组中最后一个元素的行标、列标分别比行与列的实际长度小1。例如，数组B[3][4]行标的范围是0~2，列标的范围是0~3。

【二维码5-4-1】

5.4.2　二维数组的存储

可以将二维数组看成特殊的一维数组。普通的一维数组中的元素全部是数值，例如，"int A[3]={0，1，2}；"在内存中的存储如图5-5所示。

图5-5　一维数组在内存中的存储

二维数组中的元素是一个数组。例如:"int B[3][4] = {{0, 1, 2, 3}, {4, 5, 6, 7}, {8, 9, 10, 11}};"在内存中的存储如图5-6所示。

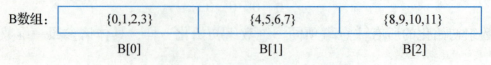

B数组:	{0,1,2,3}	{4,5,6,7}	{8,9,10,11}
	B[0]	B[1]	B[2]

图5-6　二维数组在内存中的存储

二维数组代表矩阵,定义中每个花括号中的元素即可为1行,因此B[3][4]又可以理解为图5-7所示的状态。

B[0]	{0,1,2,3}
B[1]	{4,5,6,7}
B[2]	{8,9,10,11}

图5-7　二维数组矩阵

可以观察到每一行又是一个一维数组,B[0]可以作为这一行的数组名,0,1,2,3就是一维数组元素的下标,即B[0][0]、B[0][1]、B[0][2]、B[0][3],其他行依此类推,如图5-8所示。

B[0]	B[0][0]	B[0][1]	B[0][2]	B[0][3]
B[1]	B[1][0]	B[1][1]	B[1][2]	B[1][3]
B[2]	B[2][0]	B[2][1]	B[2][2]	B[2][3]

图5-8　二维数组的逻辑关系

实际上,二维数组在内存中是线性存储的,并且采用行优先的方式存储,即先依次存储第1行,再存储第2行,依次类推。例如,"int a[2][3];"在内存中的存放顺序如图5-9所示。

a[0][0]	a[0][1]	a[0][2]	a[1][0]	a[1][1]	a[1][2]

图5-9　二维数组在内存中的存放顺序

任务实施

表5-4中的数据可以定义为a[3][4]。每一行的和可以放在一个新的一维数组中,然后在这个一维数组中求最大值,即得到植树优胜班级;每一列的和也可以放在另一个一维数组中,然后统一输出,请扫描

【二维码5-4-2】

下方二维码查看程序讲解。

　　请分析以下程序并回答问题。

```
#include<stdio.h>
main()
{
    int a[3][4],sum_class[3],sum_tree[4];
    //sum_class[3]存储的是每个班级的植树和,一共3个和,因此定义一个新
的一维数组
    //sum_tree[4]存储的是每种树苗的种植和,一共4个和,因此定义另一个一维数组存放;
    int i,j,max,max_class;
    //max_class记录班级植树和数组中的最大值下标
    for(i=0;i<3;i++)
    {
        for(j=0;j<4;j++)
        scanf("%d",&a[i][j]);
    }
    //该程序段的意义:_____
    for(i=0;i<3;i++)
    {
        sum_class[i]=0;
        for(j=0;j<4;j++)
        sum_class[i]+=a[i][j];
    }
    //上面语句的意义:_____
    max=sum_class[0];max_class=0;
    //上面语句的意义:_____
    for(i=1;i<3;i++)
    if(sum_class[i]>max)
    {
        max=sum_class[i];max_class=i;
    }
    //上面语句的意义:_____
    printf("植树最多的班级是%d班,共植树%d棵 \n",max_class+1,max);
    printf("桃树 \t 梨树 \t 杏树 \t 苹果树棵树分别是:\n");
    for(j=0;j<4;j++)
    {
        sum_tree[j]=0;
        for(i=0;i<3;i++)
```

【二维码5-4-3】

```
        sum_tree[j]+=a[i][j];
        printf("%2d\t",sum_tree[j]);
        //上面语句的意义:_____
    }
}
```

任务总结

(1)记录易错点。

_____

_____

(2)通过完成以上任务,你有哪些心得体会?

_____

_____

任务拓展

杨辉三角是二项式系数在三角形中的一种几何排列。它在我国南宋数学家杨辉于1261年所著的《详解九章算法》一书中出现。在欧洲,帕斯卡在1654年发现这一规律,因此杨辉三角又叫作帕斯卡三角。帕斯卡的发现比杨辉要迟393年。杨辉三角是中国数学史上的一个伟大成就。

请根据杨辉三角的规律(图5-10),编程打印其前6行。

```
1
1   1
1   2   1
1   3   3   1
1   4   6   4   1
1   5   10  10  5   1
```

图5-10 杨辉三角

请你写出针对上述问题的程序设计思路。

_____

_____

_____

_____

【二维码 5-4-4】

源代码的设计如下。

任务三
植树倡议书——字符数组及字符串

任务描述

习近平总书记早在 2013 年就面向世界提出人类命运共同体的理念，倡导全民植树。一天下来，学生们不仅听马老师讲述了习近平总书记的植树理念和植树行为，明白了生态文明人人有责，还进行了植树比赛，老师和学生们都干劲十足。马老师酝酿了许久的全民植树想法也实现了一半。回家后，他将想法和做法与国外网友分享，并发布了植树倡议书。倡议书有字数限制，不能长篇大论，因此，马老师计划最多使用 300 个单词撰写倡议书。

请编程实现单词的计数。

任务分析

在单词较多的情况下，一般使用数组配合循环处理，存储单词需要使用字符数组，一个单词大约包含 6 个字母，最多需要 300 个单词，单词之间有空格，因此可以定义一个字符数组 a，长度为 2 000，然后利用单词之间的空格数来计算单词数。但是有的单词之间使用标点符号连接，没有空格；每段开端也会出现两个空格；因此需要从"是否是单词"这个方向思考。

任务分组

按照 5 人一组，将班级学生进行分组，分别代表组长、任务汇报员、信息资料整理员、

代码汇错员、程序操作员。要求分工明确，轮流安排组长，给每个人提供组织协调的平台，注意培养学生的团队合作能力。学生任务分组表见表5-6。

表5-6　学生任务分组表

班级		组号		任务
组员	学号	角色分配		工作内容

任务准备

5.5　字符数组的定义和存储

字符数组即数组中的元素为字符型的数组，它是一种常用的数组，其最大用途是存放字符串。

5.5.1　字符数组的定义

字符数组中的一个元素存放一个字符。定义字符数组的方法和定义数值型数组的方法类似。例如：

```
char a[6];
```

该数组为一维字符数组，类型是＿＿＿＿＿＿＿＿＿，里面有＿＿＿＿＿＿＿＿＿个元素。

```
char b[2][3];
```

该数组为二维字符数组，里面有＿＿＿＿＿＿＿＿＿个元素。

定义字符数组的一般形式如下。

＿＿＿＿＿＿＿＿＿＿＿＿或＿＿＿＿＿＿＿＿＿＿＿

【二维码5-5-1】

本任务仅介绍一维字符数组的相关知识，请根据任务二介绍的二维数组知识尝试理解二维字符数组。

还有一种特殊的字符数组——字符串，即用双引号括起的字符序列，例如项目一中输出的字符串"Hello World!"。C语言中并没有单独的字符串变量，因此字符串仅能在字符数组中存储。字符串与字符数组最大的区别在于系统自动在字符串的最后添加结束标志'\0'。

5.5.2　字符数组的存储

前面介绍了数值型数组，例如：

```
int m[3];
```

以上语句表示系统为该数组分配了 3 个单元格，因为该数组是整型数组，所以每个单元格占 4 个字节。字符数组也是如此。例如：

```
char a[6];
```

以上语句表示系统分配了 6 个单元格，每个单元格仅占 1 个字节，一共是 6 个字节长度。请运行并分析以下程序段。

```
char a[6];
printf("% d",sizeof(a));          //输出的值为_____
printf("% d",sizeof("Hello"));    //输出的值为_____
//字符串"Hello"中有 5 个字符,但因为系统自动在串后面加_____,所以输出值为_____
```

5.6　字符数组的初始化和引用

5.6.1　字符数组的初始化

对于字符数组的初始化，可以如同数值型数组一样逐个元素赋初始值，也可以用字符串整体初始化。

1. 逐个字符初始化

（1）全部赋值。例如：

```
char a[9]={'C',' ','p','r','o','g','r','a','m'};
```

以上语句把 9 个字符分别赋给 a[0]~a[8]共 9 个元素。注意，各个字符常量需带单引号。这里如果为所有元素都赋初始值，则数组长度可以省略不写，上面的定义可以改写如下。

```
char a[]={'C',' ','p','r','o','g','r','a','m'};
```

系统根据数组元素的个数自动将数组的长度定为 9，用这种方式可以不必人工书写字符个数，在赋初始值时字符比较多的情况下比较方便。

字符数组存储状态如图 5-11 所示。

C		p	r	o	g	r	a	m
a[0]	a[1]	a[2]	a[3]	a[4]	a[5]	a[6]	a[7]	a[8]

图 5-11　字符数组存储状态（全部赋值）

（2）部分赋值。未被赋值的元素值为 ASCII 码为 0 的字符，即'\0'。例如：

```
char a[10]={'C','','p','r','o','g','r','a','m'};
```

字符数组存储状态如图 5-12 所示。

C		p	r	o	g	r	a	m	\0
a[0]	a[1]	a[2]	a[3]	a[4]	a[5]	a[6]	a[7]	a[8]	a[9]

图 5-12　字符数组存储状态(部分赋值)

2. 使用字符串整体赋值

例如：

```
char a[8]={"hello"};
```

也可以省略花括号，例如：

```
char a[8]="hello";
```

多余的内存单元格中也存放'\0'，如图 5-13 所示。

h	e	l	l	o	\0	\0	\0

图 5-13　字符串存储状态

还可以省略字符数组长度，例如：

```
char b[ ]="hello";
```

系统在字符串最后自动加'\0'，如图 5-14 所示。

h	e	l	l	o	\0

图 5-14　字符串存储状态(省略字符数组长度)

敲黑板

（1）使用字符串整体赋值的方法更加直观方便，但要注意数组 b 的长度是 6，而不是 5。

（2）由于字符串要存放到字符数组中，所以前面依然正常进行字符数组定义，不能写成如下形式。

```
char a="hello";
```

这种写法将字符串"hello"赋给了字符型变量 a，而 a 仅有一个字节的位置，无法容纳一个字符串。

5.6.2　字符数组元素的引用

与其他类型的数组一样，可以逐个引用字符数组元素。由于字符数组还可以存放字符串数据，所以也可以以字符串的形式整体输入、输出。

1. 逐个引用字符数组元素

例如：

```
char a[10];int i;
for(i=0;i<10;i++)
scanf("%c",&a[i]);
for(i=0;i<10;i++)
printf("%c",a[i]);
```

2. 整体引用字符串

例如：

```
char a[10];
scanf("%s",a);
printf("%s",a);
```

敲黑板

(1)逐个引用和整体引用的格式控制符不同，逐个引用的格式控制符为%c，整体引用的格式控制符为%s。

(2)整体输入时，a前面没有取地址符。这是因为数组名本身表示数组在内存中的首地址。

(3)使用整体引用的方法时，一旦输入空格就代表输入结束。例如：

```
scanf("%s",a);
```

对于以上语句，从键盘输入"thank you"，数组 a 接收"thank"。

这是因为 scanf( )函数在遇到空格、回车、Tab 时输入结束。

(4)虽然系统会自动为字符串追加一个'\0'表示结束，但输出字符中不包括该结束符，仅输出结束符之前的所有元素。例如：

```
char c[10];
scanf("%s",c);
```

对于以上语句，从键盘输入"China"，运行输出"China"。

小试牛刀

请你定义并初始化一个字符数组，并且使用字符串输出函数输出该数组。

5.7 字符串处理函数

5.7.1 字符串输入/输出函数

在 C 函数库中提供了一些用来专门处理字符串的函数,使用这些函数可以极大地提高编程效率。字符串处理函数大致可分为字符串的输入、输出、合并、修改、比较、复制等函数。

在使用字符串输入/输出函数前要引用头文件<stdio. h>。

1. 字符串输入函数

(1)形式:"gets(字符数组名);"。

(2)作用:从键盘输入一个字符串赋给该数组,遇到回车表示结束输入。

例如:

```
char a[20];
gets(a);
```

对于以上语句,从键盘输入"thank you"后按 Enter 键。数组 a 接收"thank you"。

前面曾介绍"scanf("%s", a);"的输入方式。请使用"printf("%s", a);"进行输出,观察并记录输出结果,分析产生区别的原因:_____

_____

_____

【二维码 5-7-1】

2. 字符串输出函数

(1)形式:"puts(字符数组名);"或"puts(字符串常量);"。

(2)作用:从字符数组或者字符串常量的起始位置开始输出,一直到遇到'\0'为止。

例如:

```
char a[30]="Planting trees";
puts(a);
```

或

```
puts("Planting trees");
```

请对上面字符串分别用"printf("%s", a);"和"puts(a);"进行输出。

(1)观察结果并总结区别。

(2)检测两种输出方法对以下字符数组的输出结果,并分析产生区别的原因。

【二维码 5-7-2】

```
char a[5]={'H','a','p','p','y'};
```

_____

_____

_____

_____

5.7.2　其他字符串处理函数

除了字符串输入/输出函数之外，其他字符串处理函数应当引用头文件<string. h>。

1. 求字符串长度函数

（1）格式：strlen(a)。

（2）作用：求字符串 a 的长度，即求第一个'\0'之前的字符个数。

（3）参数要求：a 若是字符数组，则仅写数组名；a 若是字符串常量，则要加上双引号。

例如：

```
char str[20]="I am happy";
```

字符数组 str 的存储状态如图 5-15 所示。

| I | | a | m | | h | a | p | p | y | \0 | \0 | \0 | \0 | \0 | \0 | \0 | \0 | \0 | \0 |

图 5-15　字符数组 str 的存储状态

请进行以下测试。

strlen(str) = _____

sizeof(str) = _____

其中，sizeof( )运算符用来计算"( )"中的标识符代表的实体分配的内存空间的字节数。试分析两个式子不同的原因：_____

_____

_____

2. 字符串复制函数

（1）格式：strcpy(s1, s2)。

（2）作用：将字符串 s2 的内容(包括字符串结束符'\0')依次存放到 s1 对应的单元格中。

（3）参数要求：s1 必须是容量足够大的字符数组，至少能容纳 s2 字符串的所有内容；s2 既可以是字符数组，也可以是字符串常量。

如同常量赋值，赋值号左边一定是变量，不能是常量。字符串复制函数也是如此，被复制的一定是占有内存空间的连续单元格，而不能是字符串常量。

例如:

```
char s1[15]="I am happy";
strcpy(s1,"happy");
```

s1 的初始状态如图 5-16 所示。

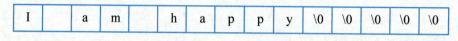

| I | | a | m | | h | a | p | p | y | \0 | \0 | \0 | \0 | \0 |

图 5-16　s1 的初始状态

s1 被赋值后的状态如图 5-17 所示。

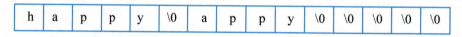

| h | a | p | p | y | \0 | a | p | p | y | \0 | \0 | \0 | \0 | \0 |

图 5-17　s1 被赋值后的状态

请进行以下测试。

puts(s1); _____

strlen(s1); _____

s1[7]=_____

试分析以上式子的结果:

【二维码 5-7-4】

_____

_____

_____

_____

_____

_____

_____

敲黑板

可以使用 s1=s2 进行字符串之间的赋值吗? 试分析原因。

_____

_____

3. 字符串连接函数

(1)格式:strcat(s1, s2)。

(2)作用:将字符串 s2 的内容连接到 s1 后面,构成一个新的字符串。在连接的过程中,字符数组 s1 中的字符串结束符\0'会被 s2 字符串的第一个字符覆盖。

（3）参数要求：s1 必须是容量足够大的字符数组，至少能容纳字符串 s1 和 s2 的所有内容；s2 既可以是字符数组，也可以是字符串常量。

例如：

```
char s1[15]="Happy",s2[]="birthday";
strcat(s1,s2);
```

s1 的初始状态如图 5-18 所示。

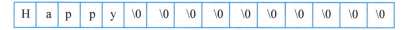

| H | a | p | p | y | \0 | \0 | \0 | \0 | \0 | \0 | \0 | \0 | \0 | \0 |

图 5-18　s1 的初始状态

执行连接命令后 s1 的状态如图 5-19 所示。

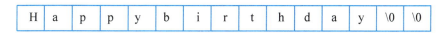

| H | a | p | p | y | b | i | r | t | h | d | a | y | \0 | \0 |

图 5-19　执行连接命令后 s1 的状态

可以看到，"Happy"后的第一个'\0'被字符串 s2 的第一个字符覆盖，从而连接成一个新数组。

4. 字符串比较函数

（1）格式：strcmy(s1，s2)。

（2）作用：比较字符串 s1 和字符串 s2 内容的大小。比较的规则：两个字符串从左至右逐个字符按照 ASCII 码的大小进行比较，直到出现不相同的字符或者遇到'\0'为止。若字符串 s1 大于字符串 s2，则函数返回值为正数；若字符串 s1 小于字符串 s2，则函数返回值为负数；若字符串 s1 等于字符串 s2，则函数返回值为 0。

（3）参数要求：s1 和 s2 既可以是字符串常量，也可以是字符数组。

小试牛刀

(1)请比较下列字符串的大小，并在程序中验证。

"computer"＿＿＿"compare"　　　"ABcd"＿＿＿"ab"　　　"computer"＿＿＿"com"

(2)请测试下面程序的结果。

```
char str1[]="com",str2[]="Compare";
if(str1>str2)
printf("yes");
else
printf("no");
```

【二维码 5-7-5】

更换两个数组的内容，输出结果是＿＿＿＿＿＿＿＿＿

请分析产生该结果的原因：_____

_____

因此，比较字符串的大小仅能使用_____。

🖳 任务实施

【二维码 5-7-6】

根据任务描述，倡议书大概需要 2 000 个字符，整体可以看成一个字符串，因此可以用 gets( ) 整体输入。计算单词个数时，若检测当前字符为字母，并且前面一个不是字母，就可以进行计数，这样避免了单词前面是空格或是标点，而导致错误计数的情况。

请写本任务程序源代码。

_____

_____

_____

_____

_____

_____

_____

_____

_____

🖳 任务总结

(1)记录易错点。

_____

_____

(2)通过完成以上任务，你有哪些心得体会？

_____

_____

🖳 任务拓展

相传在很久很久以前有一位皇帝叫作尤利乌斯·凯撒。人们称他为凯撒大帝，他是著名的军事统帅。公元前 58 年左右，凯撒在他的军事命令中，将每一个字母都进行了位移，以防止他的敌人在截获他的军事命令之后获取他的真实情报。人们将凯撒发明的这种密码叫作凯撒密码，它是第一种众所周知的密码。

凯撒加密是最简单的加密方式，加密的双方首先要对字母的位移数字达成共识。例如双方约定好加密位移是 3，那么发送的每一个字母都要经过 3 个位移，如 A 变成 D、b 变成 e 等，而 Y 会回到字母表的开始变成 B，z 则变成 c，其他字符保持不变。加密位移称为密钥，原文称为明文，加密后变成密文。把加密过的文字通过送信人发给对方，这样即使敌人抓到了送信人，拿到的也是一堆看不懂的文字，而成功拿到密文的接收方在把密文的每个字母减 3 后，就能得到真实的明文信息，这个过程就称为解密。

尝试根据给定的密钥对一串字符进行加密。

（1）请你写出针对上述问题的程序设计思路。

【二维码 5-7-7】

（2）源代码的设计如下。

项目复盘

通过个人自评、小组互评、教师点评，从三方面对本项目内容的学习掌握情况进行评价，并完成考核评价表。考核评价表见表 5-7。

表 5-7　考核评价表

序号	评价项目	评价内容	分值	自评（30%）	互评（30%）	师评（40%）	合计
1	职业素养（30 分）	分工合理，制订计划能力强，严谨认真	5				
		爱岗敬业，具有安全意识、责任意识、服从意识、环保意识	5				
		能进行团队合作，与同学交流沟通、互相协作、分享能力	5				
		遵守行业规范、现场 6S 标准	5				
		主动性强，保质保量完成工作页相关任务	5				
		能采取多样化手段收集信息、解决问题	5				
2	专业能力（60 分）	理解一维数组的定义和存储	4				
		掌握一维数组的引用和初始化	6				
		能利用一维数组解决实际问题	7				
		理解二维数组的定义和初始化	5				
		掌握二维数组的引用和存储	7				
		能利用二维数组解决实际问题	7				
		理解字符数组的定义和存储	5				
		理解字符数组的初始化和引用	5				
		掌握字符串的相关函数	7				
		能利用字符串解决实际问题	7				
3	创新意识（10 分）	创新性思维和行动	10				
	合计		100				

评价人签名：　　　　　　　　　　　　　　　　　　　时间：

项目达标检测

一、选择题

1. 以下数组定义中，正确的是（　　　）。

A. int a[3+3]；

B. int a[3, 3]；

C. int a[ ]；

D. int a[3][ ]；

【项目五达标检测二维码】

2. 已知"int a[3][4];"，则对数组元素的引用正确的是(　　)。

A. a[2][4]　　　　　B. a[1,3]　　　　　C. a[1+1][0]　　　　　D. a(2)(1)

3. 已知"char str[ ]="ab\n\018\\\"";"，则执行语句"printf("%d\n", strlen(str));"
的结果是(　　)。

A. 3　　　　　　　　B. 7　　　　　　　　C. 6　　　　　　　　D. 12

4. 以下不能对二维数组 a 进行正确初始化的语句是(　　)。

A. int a[2][3]={0};

B. int a[ ][3]={{1, 2}{0}};

C. int a[2][3]={{1, 2}, {3, 4}, {5, 6}};

D. int a[ ][3]={1, 2, 3, 4, 5, 6};

5. 已知"char str1[10], str2[10]={"books"};"，则在程序中能够将字符串"books"赋
给数组 str1 的正确语句是(　　)。

A. str1={"Books"};　　　　　　　　　　B. strcpy(str1, str2);

C. str1=str2;　　　　　　　　　　　　　D. strcpy(str2, str1);

二、填空题

1. 读入 20 个整数，统计非负数的个数，并计算非负数之和。

```
#include <stdio.h>
main()
{int i,a[20],s,count;
    s=count=0;
    for(i=0;i<20;i++)
    scanf("%d",_____);
    for(i=0;i<20;i++)
    {if(a[i]<0)
        _____;
        s+=a[i];
    count++; }
printf("s=%d\t count=%d\n",s,count); }
```

2. 求出矩阵 a 的两条对角线上的元素之和。

```
#include<stdio.h>
main()
{int a[3][3]={1,3,6,7,9,11,14,15,17}, sum1=0,sum2=0,i,j;
    for(i=0;i<3;i++)
    for(j=0;j<3;j++)
    if(i==j) sum1=sum1+a[i][j];
    for(i=0;i<3;i++)
```

```
for(_____;_____;j--)
if((i+j)==2) sum2=sum2+a[i][j];
printf("sum1=%d,sum2=%d\n",sum1,sum2); }
```

三、程序分析题

1. 阅读以下程序，写出程序的运行结果。

```
#include <stdio.h>
#include <math.h>
main()
{int i=1;
    float n[]={0,0,0,0};
    do {
        n[i]=pow(2,i)-1;
        printf("%.0f",n[i]);
i=i+1; } while(i<4); }
```

2. 阅读以下程序，写出程序的运行结果。

```
#include<stdio.h>
main()
{int a[]={1,2,3,4},i,j,s=0;
    j=1;
    for(i=3;i>=0;i--)
    {s=s+a[i]* j;
    j=j* 10;}
printf("s=%d\n",s);}
```

四、程序设计题

1. 用一维数组编程，实现从键盘输入 10 个整数，将它们按从大到小的顺序排序后输出。

2. 有一个 3×4 的整型数据矩阵，找出该矩阵中的最大值及该值所在位置。

【项目五所有答案解析】

项目六

数海无涯——函数

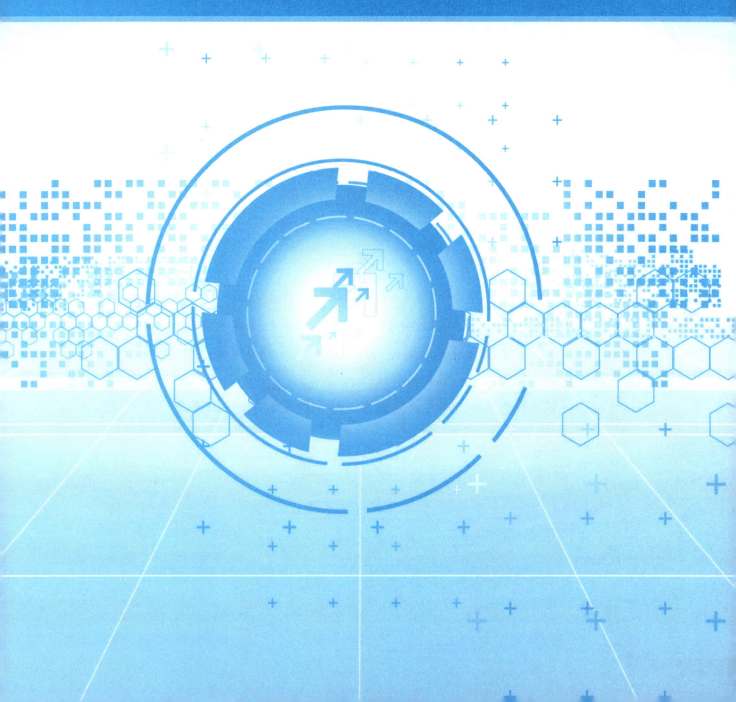

项目描述

　　党的二十大报告指出："必须坚持问题导向。问题是时代的声音，回答并指导解决问题是理论的根本任务。"

　　通过前面几个项目的学习，我们已经能够编写一些简单的 C 程序，但随着程序功能的增多，程序规模扩大，如果把所有程序代码都写在一个主函数中，就会面临以下几个问题。

　　(1)主函数变得相当冗杂，程序可读性差。

　　(2)为了在程序中多次实现某个功能，不得不重复编写相同的代码。

　　(3)变量名容易发生重复。

　　(4)程序复杂度不断提高。

　　为了解决以上问题，人们采用组装的方法简化程序设计过程，把程序分解成小片段，每个片段实现一个功能，这些小片段成为函数。若任务中需要实现多个功能，那么只需要在主任务中把这些能完成子任务的函数组装起来即可。这使工作简化，程序明晰。这里的主任务称为主函数；完成子任务的函数称为子函数；组装的过程称为调用。main( )就是主函数，它用于完成主任务。

项目目标

　　(1)了解函数的定义、函数的参数和函数的值；掌握函数的调用、函数的嵌套调用、函数的递归调用、数组作为函数参数的用法；理解变量作用域及变量存储类别。

　　(2)掌握函数的定义、调用和编程技巧。

　　(3)具备初步的高级语言程序设计能力，培养严肃认真、一丝不苟的工作作风。

项目规划

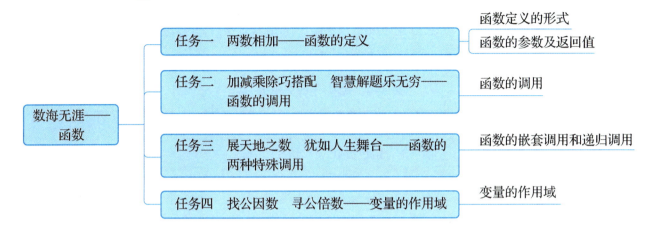

任务一
两数相加——函数的定义

任务描述

编写一个函数，实现输出两个整数之和。

任务分析

从任务描述看，需要实现输入两个整数，求这两个整数之和的功能，这需要在函数内完成。请同学们根据分析，搜集相关资料，思考以下问题。

（1）函数定义的形式是什么？

_____

_____

（2）函数的主要特点是什么？

_____

_____

任务分组

按照 5 人一组，将班级学生进行分组，分别代表组长、任务汇报员、信息资料整理员、代码汇错员、程序操作员。要求分工明确，轮流安排组长，给每个人提供组织协调的平台，注意培养学生的团队合作能力。学生任务分组表见表 6-1。

表 6-1　学生任务分组表

班级		组号		任务	
组员	学号	角色分配		工作内容	

 任务准备

6.1　函数定义的形式

函数定义的形式如下。

```
函数返回值类型 函数名(形参列表)
{
    变量声明或函数声明
    语句块
    return 函数返回值;
}
```

小试牛刀

阅读下面的程序，解释每一部分的含义

```
int sum(int a,int b)
{
    int c;
    c=a+b;
    return c;
}
```

【二维码 6-1-1】

（1）形参的类型必须一一说明。

"int a，int b"不能写成"int a，b"或者"a，b"。当然，如果没有数据传递，这个位置可以为空。

（2）如果省略了函数返回值类型，则系统认为函数返回值类型是 int 型。在写主函数时，main（ ）前面经常什么也不写，这只是省略了 int。当然，建议不要省略子函数的返回值类型，以增加程序的可读性。

（3）如果函数体是空的，则代表不执行任何操作，在主函数中调用此函数，只是占用一个位置，等以后扩充程序功能时，用一个编写好的函数代替即可。例如：

```
void  empty（ ）
{     }
```

定义好一个函数后，它只有被另一个函数调用才能执行。如果没有函数调用，就不执行。

函数的主要特点

（1）程序可以由一个或多个函数组成。

（2）程序的执行是从 main（ ）函数开始的，如果在 main（ ）函数中调用了其他函数，在调用结束后，流程返回主函数，即在 main（ ）函数中结束整个程序的运行，也就是开始于主函数，结束于主函数。

（3）从用户使用的角度看，函数有两种。

一是库函数，它是由系统提供的，用户不必自己定义，可以直接使用它们。

二是用户自己定义的函数，它们是用于解决用户专门需要的函数。

（4）从函数的形式看，函数分为两类。

一种是无参函数。在调用无参函数时，主调函数不向被调函数传递数据，因此无参函数一般不带函数返回值。

另一种是有参函数。在调用有参函数时，主调函数在调用被调函数时，通过参数向被调函数传递数据。在一般情况下，被调函数时会通过计算得到一个值，供主调函数使用。

6.2　函数的参数及返回值

6.2.1　形参和实参

（1）形式参数（形参）：定义函数时函数名后面括号中的变量名。

（2）实际参数（实参）：在主函数中调用一个函数时，函数名后面括号中的参数（可以是表达式）。

敲 黑 板

(1)实参可以是常量、变量或表达式，要求它们有确定的值；形参只能是变量。

(2)实参和形参的类型应当相同或者赋值兼容。并不是所有的类型系统都能自动转换，例如 float 型不能转换为 char 型。

(3)在函数调用中发生的数据传递是单向的，也就是只能把实参的值传递给形参。

6.2.2　函数的返回值

(1)一个函数体中可以有多个 return 语句，但是每次调用只能有一个 return 语句被执行，因此只能返回一个函数值。

(2)函数返回值的类型和函数定义中类型应当一致，如果不一致，则以整个函数类型为准，自动进行类型转换。

(3)void( )函数没有返回值。

6.2.3　函数的声明

函数可以相互调用，主函数外的其他函数称为子函数，子函数都是平行且独立的。子函数不能调用主函数。

子函数是独立的，是指函数的定义必须是相互独立的。函数可以相互调用，但是不能在一个函数中定义另一个函数。

在函数相互调用前，将所有函数的声明写在整个程序的开头，也就是做好外部声明，下面进行函数的定义即可，这样函数定义无论写在哪个位置都不会出现错误。整个程序也显得条理清晰。

小 试 牛 刀

(1)对于"int max(int x, y)"，该自定义函数的返回值类型是什么？

(2)对于"void max(int x, y)"，该自定义函数的返回值类型是什么？

任务实施

在本任务中，要求自定义一个 sum( )函数，通过函数的调用实现。其中调用的参数个数应该与定义的参数个数一致。程序如下。

【二维码 6-2-1】

```
#include<stdio.h>
int sum(int a,int b)
{
    int c;
    c=a+b;
    _____;
```

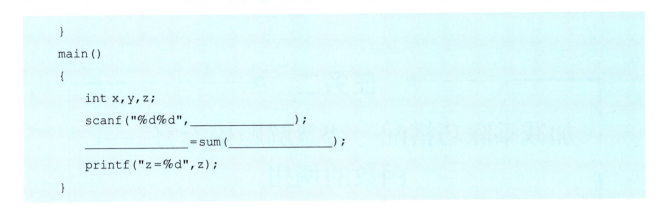

```
}
main()
{
    int x,y,z;
    scanf("%d%d",_____);
    _____=sum(_____);
    printf("z=%d",z);
}
```

任务总结

(1)记录易错点。

_____

_____

(2)通过完成以上任务,你有哪些心得体会?

_____

【二维码6-2-2】

任务拓展

编写一个函数,实现比较两个数字的大小。

(1)请你写出针对上述问题的程序设计思路。

_____

_____

_____

(2)源代码的设计如下。

_____

_____

【二维码6-2-3】

_____

_____

_____

任务二

加减乘除巧搭配　智慧解题乐无穷——函数的调用

🔍 任务描述

编写函数实现数字的四则运算，在主函数中输入任意两个整数，并在主函数中输出结果。

💡 任务分析

主函数负责输入两个整数，根据菜单选项调用函数，输出相应四则运算的结果。

函数 add( )负责计算两个整数的和。

函数 sub( )负责计算两个整数的差。

函数 mul( )负责计算两个整数的乘积。

函数 div( )负责计算两个整数的商。

函数 menu( )负责输出菜单选项。

请同学们根据分析，搜集相关资料，思考以下问题。

(1)函数调用的一般形式是什么？

_____

_____

(2)函数可以嵌套调用吗？

_____

_____

📖 任务分组

按照 5 人一组，将班级学生进行分组，分别代表组长、任务汇报员、信息资料整理员、代码汇错员、程序操作员。要求分工明确，轮流安排组长，给每个人提供组织协调的平台，注意培养学生的团队合作能力。学生任务分组表见表 6-2。

表6-2 学生任务分组表

班级		组号		任务	
组员	学号	角色分配		工作内容	

任务准备

6.3 函数的调用

6.3.1 函数调用的一般形式

函数调用的一般形式为"函数名(实参列表)",用于向被调函数传递数据。

无参函数:实参列表可以省略,代表没有参数传递,但是括号不能省略。

有参函数:实参列表中有参数,把参数值向被调函数传递。

实参可以有一个,也可以有多个,多个实参用逗号分隔。

6.3.2 函数调用的过程

发生函数调用时,主调函数会将确定的实参值单向传递给对应位置的形参。函数执行完后,则通过 return 语句将结果返回到被调用的位置处。记住,函数从哪里被调用就一定要将结果返回到哪里。这里是将实参的值复制给形参。

发生函数调用时,形参和实参之间的关系如下。

在定义函数中指定的形参,只有在发生函数调用时才被分配内存单元。在调用结束后,形参所占用的内存单元也被释放。

实参与形参的类型应该相同或赋值兼容,个数应一一对应。

形参在函数定义时只是虚拟的变量,没有具体的值。只有发生函数调用时才会为它开辟相应的存储空间,用来存放实参传递过来的具体值。实参和形参的类型、个数都必须一致。同时,在 C 语言中实参对形参进行单向值传递,即实参只是将值传递给形参,但形参变化后的值不会传回给实参。

小试牛刀

阅读下面的程序,简述函数调用的过程。

```
#include <stdio.h>
int calcu( int x )
{
    int  i, total = 0;
    for( i = 1; i <= x; i++)
    total = total + i;
    return total;
}
main( )
{
    int n;
    printf("n=");
    scanf( "%d" , &n );
    printf "1+2+3+...+%d= %d" , n, calcu( n) );
}
```

【二维码 6-3-1】

6.3.3 函数调用的方式

函数调用的方式如下。

(1)函数调用语句。

(2)函数表达式。

(3)函数参数。

6.3.4 不带形参和无返回值的函数调用过程

以下面的程序为例进行说明。

(1)从 main( )函数开始执行。

(2)遇到调用 abc 函数语句"abc( );"时暂停 main( )函数的执行,转而找到 abc( )函数的定义,开始执行 abc( )函数。

(3)依次执行 abc( )函数体中的语句,输出相应图形。

(4)遇到 abc( )函数体中的"}",表示 abc( )函数执行结束,返回到 abc( )函数的调用位置处,继续 main( )函数的执行,直至遇到"return 0;"语句,则 main( )函数执行结束,整个程序运行完成。

```
#include <stdio.h>
void abc ();                              //函数声明
main ()
{abc();                                   //调用函数
    return 0;
}
void abc ()                               //函数自定义
```

```
{int i, j;
    for (i = 1; i <= 5; i++) //行数为5行
    {
        for (j = 1; j <= 10-2* i; j++)         //输出每行左边的空格
        printf(" ");
        for (j = 1; j <= i; j++)               //输出每行的数字
        printf("%d", j);
        printf("\n");
    }
}
```

任务实施

【二维码6-3-2】

在本任务中，主函数负责输入两个整数，根据菜单选项确定运算符号后调用函数，输出相应四则运算的结果。

函数 add( ) 负责计算两个整数的和，具体如下。

```
int add(int m,int n)
{
    return(m+n);
}
```

函数 sub( ) 负责计算两个整数的差，具体如下。

```
int sub(int m,int n)
{
    return(m-n);
}
```

函数 mul( ) 负责计算两个整数的乘积，具体如下。

```
int mul(int m,int n)
{
    return (m* n);
}
```

函数 div( ) 负责计算两个整数的商，具体如下。

```
float div(int m,int n)
{
    return(m/n* 1.0);
}
```

函数 menu，负责输出菜单选项。

小试牛刀

请根据程序完成下列填空。

```c
#include <stdio.h>
int add(_____)
{
    return(m+n);
}
int sub(int m,int n)
{
    return(m-n);
}
int mul(int m,int n)
{
    return (m* n);
}
_____ div(int m,int n)
{
    return(_____);
}
_____ menu()
{printf("1:求和\n");
 printf("2:求差\n");
 printf("3:求乘积\n");
 printf("4:求商\n");
}
main()
{
    int a,b,i;
    printf("请输入两个整数:");
    scanf("%d%d",&a,&b);
    _____;
    printf("根据菜单项输入:");
    scanf("%d",&i);
    switch(i)
    {case 1:  printf("和=%5d\n",add(a,b));  break;
     case 2:  printf("差=%5d\n",sub(a,b));  break;
     case 3:  printf("积=%5d\n",mul(a,b));  break;
     case 4:  printf("商=%5f\n",div(a,b));  break;
```

【二维码 6-3-3】

```
        }
    }
```

📊 任务总结

（1）记录易错点。

_____

_____

（2）通过完成以上任务，你有哪些心得体会？

_____

_____

📈 任务拓展

编写函数，判断一个字符是否为英文字母。

（1）请你写出针对上述问题的程序设计思路。

_____

_____

_____

（2）源代码的设计如下。

_____

_____

_____

【二维码 6-3-4】

_____

_____

_____

任务三

展天地之数 犹如人生舞台——
函数的两种特殊调用

任务描述

编写函数计算 $n!$。

任务分析

根据阶乘的性质,可以分析得出:$5! = 5×4!$,$4! = 4×3!$,…,$1! = 1$。

请同学们根据分析,搜集相关资料,思考以下问题。

(1)什么是函数的嵌套调用?

_____

_____

_____

(2)什么是函数的递归调用?

_____

_____

_____

任务分组

按照 5 人一组,将班级学生进行分组,分别代表组长、任务汇报员、信息资料整理员、代码汇错员、程序操作员。要求分工明确,轮流安排组长,给每个人提供组织协调的平台,注意培养学生的团队合作能力。学生任务分组表见表 6-3。

表 6-3 学生任务分组表

班级		组号		任务	
组员	学号	角色分配		工作内容	

任务准备

6.4 函数的嵌套调用和递归调用

（1）函数的嵌套调用：在函数的定义中出现对另一个函数的调用。

小试牛刀

输入 4 个整数 a，b，c，d，求出其中的最大数，用函数的嵌套调用来处理，如图 6-1 所示。

```c
#include<stdio.h>
main(){
int max4(int,int,int,int);
int a,b,c,d,max;
printf("请输入四个整数:");
scanf("%d %d %d %d",&a,&b,&c,&d);
max=max4(a,b,c,d);
printf("四个数中的最大值是:%d",max);
}

int max4(int a,int b,int c,int d) {
int max2(int,int);
int m;
m=max2(a,b);//得前两个数最大值
m=max2(m,c);//用前两个数最大值m与第三个数比较,
            //得前三个数最大值
m=max2(m,d);//用前三个数最大值m与第四个数比较
            //得四个数最大值
return m;
}

int max2(int a,int b) {
if(a>=b)
return a;
else
return b;
}
```

【二维码 6-4-1】

图 6-1 求 4 个整数中的最大数

请认真阅读程序,叙述函数的嵌套调用过程。

_____

_____

(2)函数的递归调用:在调用一个函数的过程中又直接或间接地调用该函数本身。C 语言的特点之一就在于允许进行函数的递归调用。

函数的嵌套调用是调用其他函数,函数的递归调用是调用函数本身。例如,在函数 f( ) 体内又调用了函数 f( ),这就是函数的递归调用。那么函数的递归调用过程和函数的嵌套调用一样吗?它是只调用函数 f( ) 一次还是会调用很多次呢?

请分析以下程序。

```c
int f (int x)
{
    int y, z;
    z = f(y);
    return(2* z);
}
```

小试牛刀

党的二十大报告是以中国式现代化全面推进中华民族伟大复兴的政治宣言,是一篇高屋建瓴、内涵丰富、思想深邃、意义重大的马克思主义纲领性文献,其中提出了一系列新观点、新论断、新思想、新战略、新要求。请用新的思想解决下列问题。

有 5 个人坐在一起。问第 5 个人多少岁,他说自己比第 4 个人大 3 岁;问第 4 个人多少岁,他说自己比第 3 个人大 3 岁;问第 3 个人多少岁,他说自己比第 2 个人大 3 岁;问第 2 个人多少岁,他说自己比第 1 个人大 3 岁;问第 1 个人多少岁,他说自己 20 岁。请问第 5 个人多少岁?

请尝试分析题目,得到函数调用关系。

_____

_____

【二维码 6-4-2】

任务实施

求 n! 也可以使用递归方法。

$n!$ 可用下面的递归公式计算。

$$\begin{cases} n! = 1, & n = 0, \ 1 \\ n! = n \times (n-1)!, & n > 1 \end{cases}$$

程序如下。

```
#include <stdio.h>
int fact(int n)
{if(n==0||n==1)                        //递归终止条件
    return 1;
    else
    return _____;               //递归调用
}
main()
{int n;
    scanf("%d",&n);                     //输入要计算的 n
    //调用函数 fact 计算结果,并返回输出
    printf("n! =%d",_____);
}
```

小试牛刀

将上述程序补充完整。

任务总结

(1)记录易错点。

_____

_____

_____

(2)通过完成以上任务,你有哪些心得体会?

_____

_____

_____

【二维码 6-4-3】

任务拓展

求斐波那契序列的第 n 项的值。

(1)请你写出针对上述问题的程序设计思路。

_____

_____

_____

【二维码 6-4-4】

（2）源代码的设计如下。

_____

_____

_____

_____

_____

_____

_____

【二维码 6-4-5】

任务四
找公因数　寻公倍数——变量的作用域

站在承前启后、继往开来的新起点上，党员干部作为干事创业的主力军、先锋队，必须深学细研党的二十大报告，铸牢信仰之基、走好群众路线、砥砺奋进前行，真正做到与党同向、与民同心、与时同行，为全面建设社会主义现代化国家而团结奋斗。请用"同"解决本任务的问题。

任务描述

编写一个函数，求两个整数的最大公约数和最小公倍数，在主函数中分别输出最大公约数和最小公倍数（将表示最大公约数和最小公倍数的变量定义为全局变量）。

任务分析

在求两个整数的最大公约数和最小公倍数时会出现不同作用域和不同生存期的变量：局部变量和全局变量。

请同学们根据分析，搜集相关资料，思考以下问题。

（1）什么是局部变量和全局变量？

_____

_____

(2)变量的生存期是什么？

 任务分组

按照5人一组，将班级学生进行分组，分别代表组长、任务汇报员、信息资料整理员、代码汇错员、程序操作员。要求分工明确，轮流安排组长，给每个人提供组织协调的平台，注意培养学生的团队合作能力。学生任务分组表见表6-4。

表6-4 学生任务分组表

班级		组号		任务	
组员	学号	角色分配		工作内容	

 任务准备

6.5 变量的作用域

6.5.1 局部变量和全局变量

变量的作用域又称为作用范围，指的是一个变量在何处可以使用。

根据变量的作用域可将变量分为局部变量和全局变量。

1. 局部变量

(1)定义：在函数内定义的变量(包括形参)。

(2)作用范围：本函数内部。

例如：

```
float f1(int a)
{int b,c;…}        //a,b,c 只在 f1()中有效
float f2( )
{char c;…}         //c 只在 f2()中有效
main( )
{int i,j;…}        //i,j 只在 main()中有效
```

2. 局部变量

(1)定义：定义在复合语句内的变量

(2)作用范围：复合语句内部，如图 6-2 所示。

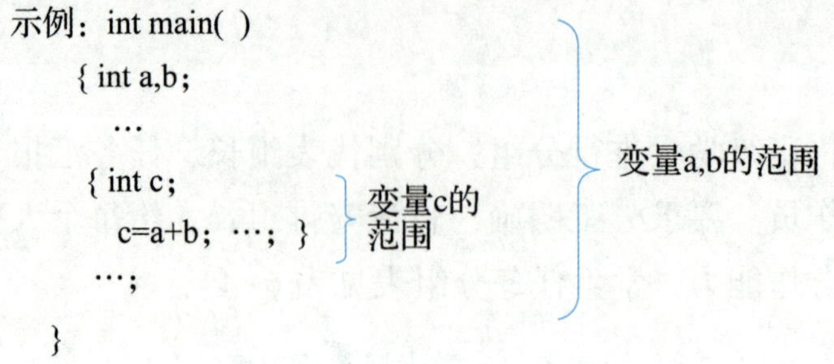

示例：int main( )
```
{ int a,b;
    …
  { int c;
    c=a+b；…; }
  …;
  }
```

变量 c 的范围

变量 a,b 的范围

图 6-2　局部变量的作用范围(定义在复合语句内)

3. 全局变量

(1)定义：在函数以外定义的变量，不从属于任一函数。

(2)作用范围：从定义处到源文件结束(包括各函数)，如图 6-3 所示。

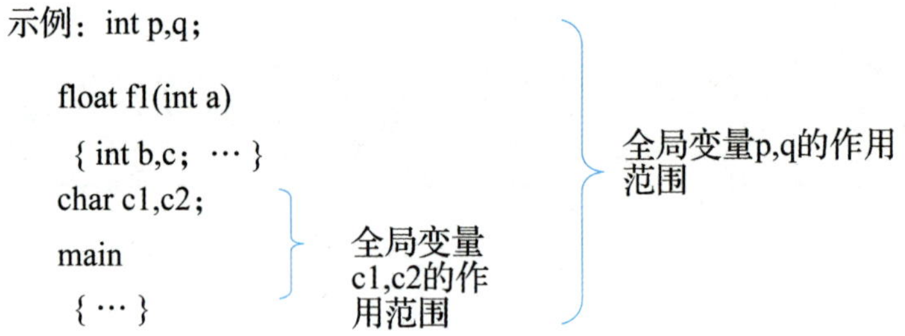

示例：int p,q;
```
float f1(int a)
  { int b,c；… }
char c1,c2;
main
  { … }
```

全局变量 c1,c2 的作用范围

全局变量 p,q 的作用范围

图 6-3　全局变量的作用范围

6.5.2　变量的生存期

变量的生存期是指从系统为变量分配内存单元到内存单元被回收的时间。在生存期内，变量既可能在作用域中，也可能不在作用域中。

6.5.3　变量的存储类型

变量的存储类型是指数据在内存中存储的方式。变量的存储类型从变量的生存期的角度可分为静态存储方式和动态存储方式。

1. 静态局部变量

(1)形式："类型名　变量名"。例如：

```
static int  a,b;
```

(2)作用范围：局部变量。

(3)生存期：与全局变量类似，函数调用时定义变量，系统分配内存单元；程序结束，系统自动回收内存单元。

2. 动态局部变量

（1）格式："auto　类型名　变量名"。例如：

auto int　a,b;　或　int a,b;

（2）作用范围：局部变量。

（3）生存期：函数调用时，定义变量，系统分配内存单元；函数调用结束，系统自动回收内存单元。

6.5.4　变量的使用分析

静态局部变量在程序运行整个期间都不释放；动态局部变量在函数调用结束后即释放；全局变量在整个程序运行期间都不释放。

对静态局部变量是在编译时赋初始值的，即只赋初始值一次，在程序运行时它已有初始值。以后每次调用函数时不再重新赋初始值而只是保留上次函数调用结束时的值。

如果在定义局部变量时不赋初始值，则对静态局部变量来说，编译时自动赋初始值 0（对数值型变量）或空字符（对字符变量）。对于动态局部变量，如果不赋初始值，则它的值是一个不确定的值。全局变量默认初始值为 0（对数值型变量）或空字符（对字符变量）。

虽然静态局部变量在函数调用结束后仍然存在，但其他函数不能引用它。全局变量可以被其他函数引用。

 任务实施

程序如下。

```
#include <stdio.h>
int g,l; /* 全局变量 g,l 分别存储最大公约数和最小公倍数* /
void GL(int m,int n);/* 函数声明* /
main()
{
    int a,b;
    printf("请输入两个整数:\n");
    scanf("%d%d",&a,&b);
    GL(a,b);                    //调用函数求解最大公约数,并保存在全局变量 g 中
    printf("%d 和%d 的最大公约数是%d,最小公倍数是%d \n",a,b,g,l);
}
void GL(int m,int n)          //用全局变量 h 保存最大公约数,l 保存最小公倍数,故不需返回值
{
    int r,mt,nt;              //mt 和 nt 保存两个整数的初始值
    mt=m; nt=n; r=m%n;
    while(r! =0)              //用辗转相除法求 m 和 n 的最大公约数
```

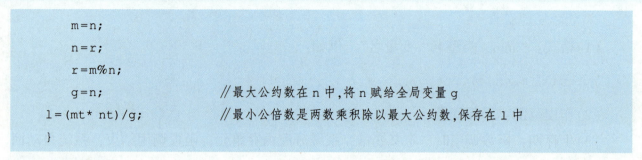

```
        m=n;
        n=r;
        r=m%n;
        g=n;            //最大公约数在 n 中,将 n 赋给全局变量 g
    l=(mt* nt)/g;       //最小公倍数是两数乘积除以最大公约数,保存在 l 中
    }
```

小试牛刀

阅读上面的程序，完成下面的填空。

由于函数 GL( ) 计算得到两个结果，而 return 语句只能返回一个值，所以无法通过 return 语句将结果代回到主函数中，因此采用_____ g 和 l。g 存储最大公约数的结果，l 存储最小公倍数的结果。它们的定义位置在函数体外，而在两个函数体内定义的 m、n、a、b、r、mt、nt 等都是_____。

任务总结

（1）记录易错点。

_____

_____

_____

_____

【二维码 6-5-1】

（2）通过完成以上任务，你有哪些心得体会?

_____

_____

_____

_____

项目复盘

通过个人自评、小组互评、教师点评，从三方面对本项目内容的学习掌握情况进行评价，并完成考核评价表。考核评价表见表 6-5。

表 6-5 考核评价表

序号	评价项目	评价内容	分值	自评 (30%)	互评 (30%)	师评 (40%)	合计
1	职业素养 (30分)	分工合理，制订计划能力强，严谨认真	5				
		爱岗敬业，具有安全意识、责任意识、服从意识、环保意识	5				
		能进行团队合作，与同学交流沟通、互相协作、分享能力	5				
		遵守行业规范、现场 6S 标准	5				
		主动性强，保质保量完成工作页相关任务	5				
		能采取多样化手段收集信息、解决问题	5				
2	专业能力 (60分)	掌握函数的定义	10				
		掌握函数参数的设置及返回值	12				
		掌握函数的调用	14				
		能利用函数的嵌套调用和递归调用解决实际问题	14				
		理解变量的作用域	10				
3	创新意识 (10分)	创新性思维和行动	10				
合计			100				
评价人签名：					时间：		

项目达标检测

一、选择题

1. 下列说法中正确的是(   )。

A. C 程序必须有 return 语句

B. 在 C 程序中，要调用的函数必须在 main( )函数中定义

C. 在 C 程序中，只有 int 型的函数才可以省略类型标识符

D. 在 C 程序中，main( )函数必须放在程序开始的部分

2. 以下函数调用语句中的实参个数是(   )。

【项目六达标检测二维码】

```
fun(x+y,(el,e2),fun(xy,d,(a,b)));
```

A. 3   B. 4   C. 6   D. 8

3. 若函数调用时的实参为变量，则以下关于函数形参和实参的叙述中正确的是(   )。

A. 形参只是形式上的存在，不占用具体内存单元

B. 函数的形参和实参分别占用不同的内存单元

C. 同名的实参和形参占用同一内存单元

D. 函数的实参和其对应的形参共占用同一内存单元

4. 函数和变量的定义如下。

```
void f(int m,double n)
{…}
int x=5,k;
double y=2.4;
```

正确的函数调用语句是(   )。

A. f(int x, double y)   B. f(x, y)

C. k=f(5, 2.4)   D. void f(x, y)

5. 下面程序段的输出结果是(   )。

```
#include<stdio.h>
int fun2(int xint y)
{int m=3;
return(x* y-m);}
main()
{inta=7,b=5,m=4;
printf("%d\n",fun2(a,b)/m); }
```

A. 1   B. 2   C. 8   D. 10

二、填空题

以下函数的功能是：统计一个数中数字 0 和 1 的个数。如输入"111001"，则输出 0 的个数为 2，1 的个数为 4。请填空。

```
#include <stdio.h>
void fun(long n)
{int coun0=0,counl=0,m;
    do
    {m=_____;
        if(m==0)_____;
        if(m==1)counl++;
```

```
        n=_____;}while(_____);
printf("coun0 =% d, coun1 =%d \n", cou counl);}
main()
{long n;
    printf("请输入一个数");
    _____
printf("n=%ld \n",n); fun(n); }
```

三、程序分析题

分析下列程序，写出程序的功能，并指出运行结果。

```
#include<stdio. h>
long fib(int g)
{switch(g)
    {case 0:return 0;
    case 1:case 2:return 1;}
    return(fib(g-1)+fib(g-2));
}
main()
{long k;
    k=fib(7);
printf("k=%d \n",k);}
```

四、程序设计题

使用函数的递归调用计算 1+2+3+…+100。

【项目六所有答案解析】

项目七

人工智能大赛数据处理——结构体和共用体

项目描述

　　党的二十大报告提出："必须坚持科技是第一生产力、人才是第一资源、创新是第一动力，深入实施科教兴国战略、人才强国战略、创新驱动发展战略，开辟发展新领域新赛道，不断塑造发展新动能新优势。"这深刻体现了党对科技推动生产力发展的规律性认识，为在新征程上推进科技创新、实现创新发展提供了科学指引。我国各大企业为了更好更快地推动产业发展、应用创新和技术落地，纷纷举办人工智能大赛，涵盖了工业、城市、通信、教育、医疗、金融、环保等多行业领域的应用，并提供专家资源支持，以赛促建，赛教结合，吸引各地优秀企业和创新人才一展身手。

　　在选手信息中有如下属性——编号、姓名、性别、出生日期、联系方式、赛项成绩，见表7-1。每位选手的属性数据类型不同，将这些属性分别定义成互相独立的简单变量，难以反映它们之间的内在联系，也会使变量变得复杂。同时，由于数据类型不完全相同，所以无法使用数组完成数据存储。那么类似这种不同数据类型的批量数据该如何处理？C语言允许用户根据实际需要，将已有的数据类型组合成自己需要的数据类型，并定义相应的变量，这就是结构体和共用体。

表7-1　选手信息表

编号	姓名	性别	出生日期	联系方式	赛项成绩
1001	王小明	男	20030921	136＊＊＊＊6126	76
1002	宋一阳	女	20000405	131＊＊＊＊9853	78
1003	李华	男	19980606	150＊＊＊＊5621	82
……	……	……	……	……	……
1030	郑鑫	女	20011005	138＊＊＊＊5456	69

项目目标

　　(1)了解结构体和共用体的概念，能够正确定义结构体类型和共用体类型。

　　(2)掌握结构体变量和共用体变量的定义、引用和初始化的方法。

　　(3)理解sizeof运算符的使用方法，能够通过typedef关键字重命名数据类型。

项目规划

任务一　设计选手信息表——定义结构体类型

任务二　添加选手信息的前期准备——定义结构体变量

项目七　人工智能大赛数据处理——结构体和共用体

任务三　添加并处理单条选手信息——结构体变量的引用和初始化

任务四　处理多位选手信息——结构体数组

任务五　健康素养测试成绩表——共用体

任务一

设计选手信息表——定义结构体类型

任务描述

如果把某选手信息看作一个整体,例如选手姓名"王小明"、编号"1001"、性别"男"、出生日期"20030921"、联系方式"136＊＊＊6126"、赛项成绩"76",这些数据项的数据类型不完全相同,前 5 个为字符串型,最后一个为整型,又因为每个数据项的含义不同,所以无法将它们直接作为一维数组进行处理。

C 语言允许用户把若干不同类型、不同含义的数据组合成一个有机整体,构成一种新的数据类型,称为结构体。在呈现选手信息之前,需要先定义结构体类型来表明需要从哪些方面描述选手信息,这就是定义结构体类型。

任务分析

认识什么是结构体,了解结构体类型的定义方法,能够灵活定义结构体类型。请同学们根据分析,搜集相关资料,思考以下问题。

（1）举例说明在哪些情景下会存在不同数据类型的批量数据。

_____

_____

（2）什么是结构体类型？它的作用是什么？

_____

_____

📖 任务分组

按照 5 人一组，将班级学生进行分组，分别代表组长、任务汇报员、信息资料整理员、代码汇错员、程序操作员。要求分工明确，轮流安排组长，给每个人提供组织协调的平台，注意培养学生的团队协作能力。学生任务分组表见表 7-2。

表 7-2　学生任务分组表

班级		组号		任务	
组员	学号	角色分配		工作内容	

💻 任务准备

7.1　结构体类型

1. 定义结构体类型

基本数据类型 int、float、double、char 是由系统提供的，而结构体类型是用户根据需要、利用已有的数据类型组合形成的新的数据类型。定义结构体类型是为了描述组成某类对象的元素有哪些，但并没有创建一个实际的数据对象。在结构体中，只有先定义了结构体类型才能定义结构体变量。

结构体是一种集合，它包含多个变量或数组，它们的类型可以相同，也可以不同，结构体中的这些内容被称为成员或数据项。定义结构体类型的一般形式如下。

```
struct  结构体名
{
    成员列表;
};
```

struct 是定义结构体类型的关键字,不能省略。结构体名是自定义的,遵循标识符命名规则。成员列表部分负责声明各种数据项。花括号后面的分号不能少,这是一条完整的语句。丢掉";"是初学者在声明结构体类型时常犯的错误。

以表 7-3 为例,将选手信息的数据项组合为一个新类型,即结构体类型。可以简单理解为设计该表的表结构,对表结构中的全部属性进行定义,就能实现结构体类型的数据项设置。

表 7-3　选手信息的数据项

编号	姓名	性别	出生日期	联系方式	赛项成绩
no	name	sex	birthday	phone	score

遵循"见词知意"的原则,可将 contestant 定义为结构体名,成员列表包含 6 个数据项,分别是 no、name、sex、birthday、phone 和 score,它们的定义方式与普通变量、普通数组的定义方式完全一致;若用同一数据类型一次定义多个数据项,则中间要用逗号隔开。因此,选手信息结构体类型定义形式如下。

```
struct contestant
{
    char no[5];
    char name[10],sex[3];
    char birthday[10];
    char phone[12];
    int score;
};
```

敲黑板

诸如"编号""手机号""邮政编码"等数据,看似整型数据,但是由于它们一般不参与数学运算,且位数固定、不发生改变,所以建议采用字符串型,以字符数组的形式进行定义。注意设置的数组长度至少应比实际存放的字符个数多一个,以保证有字符串结束符'\0'的存放位置。一个汉字需要占 2 个字节,例如"性别"需要定义的是"男"或"女",因此一般定义为 char sex[3],而不是 char sex[2]。

定义好的结构体类型一般放在主函数 main() 前面,也可以放在使用它的其他函数前面。

小试牛刀

请使用定义结构体类型的一般形式，完成学籍信息表结构体的创建。

_____

_____

_____

_____

_____

【二维码 7-1-1】

2. 结构体类型的嵌套

在同一程序中，结构体类型并非只能定义或使用一种，用户可以同时设计若干结构体类型。结构体成员不仅可以是基本数据类型或者数组，也可以是另一个结构体类型，即结构体类型可以嵌套使用。

在表 7-3 中，出生日期是作为字符串型定义的，由于出生日期由年、月、日 3 种元素组成，所以也可以将年、月、日细化形成新的结构体类型，以方便程序设计中进行年龄组的划分或者年龄的比较等。下面是基于数字型日期定义的结构体类型。

```
struct date{
    int year,month,day;
};
```

结构体名为 date，其成员为 year、month、day。无论是结构体类型名还是其成员名，都必须遵循标识符命名规则，最好见词知意。

现在，struct date 结构体类型定义的生日相对于 char 类型定义的生日，更具有统计意义。因此，可将上面选手信息结构体类型成员列表中生日的声明方式更改为如下。

```
struct date birthday;
```

即数据类型为 struct date，变量名为 birthday。

敲黑板

由于在 struct contestant 结构体类型内使用了 struct date 结构体类型定义变量，所以需要遵循"先定义后使用"的原则，struct date 结构体类型定义必须放在 struct contestant 结构体类型定义之前，即在定义嵌套的结构体类型时，必须先定义成员的结构体类型，再定义主结构体类型。

另外，C 语言不允许用自身的结构体类型定义成员结构体类型。struct date 结构体类型中如果存在成员结构类型"struct date year;"就是错误的。

任务实施

根据表 7-4 所示的选手信息表结构体框架，找出下面程序代码中存在的 5 处错误，并简述错误原因。

表7-4　选手信息表的结构体框架

学号	姓名	性别	出生日期			联系方式	成绩
			年	月	日		
no	name	sex	y	m	d	phone	score

```
struct student
{
    int no[5];
    struct contestant name[8];
    char sex[2];
    struct date birthday;
    char phone[12];
    int score;
}
struct date
{
    int year,month,day;
};
```

【二维码7-1-2】

任务总结

(1)记录易错点。

_____

_____

(2)通过完成以上任务,你有哪些心得体会?

_____

_____

任务拓展

　　党的二十大报告将"建成健康中国"作为截至2035年我国发展的总体目标之一,并指出,人民健康是民族昌盛和国家强盛的重要标志,把保障人民健康放在优先发展的战略位置,完善人民健康促进政策。假设要建立参赛选手的健康档案表,请根据基础体检内容(身高、体重、血型等),设计选手健康档案表的结构体架构,完成健康档案(health)结构体类型的创建。

画出你针对上述问题的设计表格。

_____

_____

_____

_____

【二维码7-1-3】

源代码的设计如下。

_____

_____

_____

_____

【二维码7-1-4】

_____

_____

_____

任务二

添加选手信息的前期准备——定义结构体变量

任务描述

结构体类型的声明只是告诉编译器该如何表示数据，但没有对象实体，因此它没有在计算机中占用内存空间。用户要使用结构体，就需要创建结构体变量。

定义好的结构体类型就像预设好的行为管理规范，基于它定义的结构体变量都需要遵守这个规范，不得有自己独特的行为项目。

任务分析

了解什么是结构体变量，掌握定义结构体变量的三种方法，能够使用 typedef 关键字简化结构体类型并创建变量。请同学们根据分析，搜集相关资料，思考以下问题。

(1)举例说一说现实生活中有哪些结构体类型和对应的结构体变量。

_____

_____

(2)结构体变量和普通变量的异同点有哪些?

_____

_____

📖 任务分组

按照 5 人一组,将班级学生进行分组,分别代表组长、任务汇报员、信息资料整理员、代码汇错员、程序操作员。要求分工明确,轮流安排组长,给每个人提供组织协调的平台,注意培养学生的团队协作能力。学生任务分组表见表 7-5。

表 7-5　学生任务分组表

班级		组长		任务	
组员	学号	角色分配		工作内容	

💻 任务准备

由结构体类型定义的变量称为结构体变量。在图 7-1 所示的选手信息表结构体分析示意中,表格框架为结构体类型 struct contestant,表中的每一行数据都可以用单独的变量存储,存储数据的行变量即结构体变量。表中有几行数据,定义变量时就要定义几个结构体变量。图中 cont1~cont30 就是结构体变量,分别表示 30 条选手信息。

选手信息表						
	编号	姓名	性别	出生日期	联系方式	赛项成绩
cont1	1001	王小明	男	20030921	136****6126	76
cont1	1002	宋一阳	女	20000405	131****9853	78
cont1	1003	李华	男	19980606	150****5621	82
	……	……	……	……	……	……
cont30	1030	郑鑫	女	20011005	138****5456	69

结构体类型

结构体变量

图 7-1　选手信息表结构体分析示意

7.2　定义结构体变量

7.2.1　定义结构体变量的方法

定义结构体变量有以下三种方法。

1. 先定义结构体类型，后结构体定义变量

形式如下。

```
struct 结构体名
{
    成员列表;
};                          //定义结构体类型
struct 结构体名 变量名列表;   //定义结构体变量
```

在任务一中，已经完成了日期结构体 struct date 的创建，假设要基于它定义结构体变量 workday 和 holiday，通过语句"struct date workday，holiday；"即可实现。

敲黑板

（1）"struct 结构体名"作为一个整体来表示自定义的结构体类型，这两部分不可省略，缺一不可。

（2）当要定义多个结构体变量时，结构体变量之间用逗号隔开。

（3）在这种结构体类型定义与结构体变量定义分开书写的方法中，结构体类型定义必须放在结构体变量定义之前。在一般情况下，结构体类型定义一般放在主函数 main( ) 之前，相当于对新类型的统一说明，而结构体变量定义可以根据其作用范围放在使用它的函数外或函数内。

2. 结构体类型和结构体变量同时定义

形式如下。

```
struct 结构体名
{
    成员列表;
}变量名列表;                        //多个变量用逗号隔开
```

小 试 牛 刀

(1)使用"结构体类型和结构体变量同时定义"的方法,完成结构体变量 workday 的定义,要求结构体类型中包含年、月、日。

(2)若要再定义一个结构体变量 holiday,可以如何实现?

_____

_____

_____

【二维码 7-2-1】

_____

3. 直接定义结构体变量

形式如下。

```
struct                       //没有结构体类型名
{
    成员表列;
}变量名列表;
```

由于这种方法没有结构体类型名,所以用这种方法定义的结构体也被称为无名结构体。它无法在后面的程序中再定义属于此类型的结构体变量。因此,在 C 语言的实际编程中,这种方法用得较少,它常用于某种结构体类型只出现一次的场合,否则会出现重复代码。

小 试 牛 刀

若使用语句定义了结构体变量 workday 和 holiday,那么如何定义同类型的结构体变量 birthday?

【二维码 7-2-2】

```
struct
{
    int year,month,day;
} workday,holiday;
```

_____

敲黑板

（1）使用方法2和方法3定义结构体变量时，代码可以直接放在要使用的函数前或函数内；使用方法1时代码既可以统一放在函数前或函数内，又可以分开放置，即将定义结构体类型部分放在函数体外，将定义结构体变量部分放在函数体内。

（2）在编译时，系统对结构体类型不分配内存空间，只对结构体变量分配内存空间，使之能够使用内存，因此系统只能对结构体变量进行引用、赋值或运算。

（3）结构体类型中的成员名可以与程序中的普通变量名相同，但二者不代表同一对象。

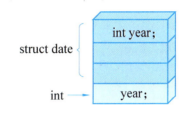

如图7-2所示，已定义好结构体类型 struct date，它的其中一个成员是 int year，在当前程序中，系统仍然允许用变量名 year 定

图7-2　结构体成员变量可以与普通变量相同

义普通变量，因为它们的性质不同，占用的内存空间不会重复。但为了防止混淆，不建议这样使用。

（4）结构体变量中的成员可以单独赋值或引用，它的作用与地位相当于普通变量。

7.2.2　typedef 关键字

为了增强可读性，使程序更加简洁，C 语言提供了关键字 typedef，它的作用是为某个类型另起一个名字。例如：

```
typedef  int  INT;
```

以上语句是将 int 数据类型重新命名为 INT，在接下来的变量定义中，INT 和 int 的地位相等。例如：

```
INT  x;                    //使用新类型名定义变量
int  y;                    //使用原类型名定义变量
```

以上语句都是合法的定义语句。

注意，typedef 关键字仅对现有的数据类型进行重命名，以方便后续使用，其本身并不产生新的数据类型。在 C 语言中，typedef 关键字主要是用来对结构体类型进行重命名，一般形式如下。

```
typedef  原数据类型名  新类型名;
```

原数据类型必须是现有的(已被定义的)类型。为了便于区分，新类型名建议直接使用原类型名的大写字母形式。重命名后，原类型名和新类型名均可以用来定义结构体变量。以日期结构体为例，通过"typedef struct date DATE;"可以将结构体类型 struct date 重命名为 DATE，在后续定义变量中，DATE 就可以代替 struct date 使用，即"struct date workday;"和

"DATE workday;"是同等效果的合法语句。

除 typedef 以外，C 语言也允许用户使用宏定义#define 来简化结构体类型的命名，一般形式如下。

#define 新类型名 原类型名

注意，宏定义的末尾不能有分号，因此日期结构体的重命名被写作"#define   DATE struct date"，而定义结构体变量时的语句不变，仍然使用"DATE workday;"。

由于使用宏定义来重命名结构体类型的情况相对较少，所以只做简单了解即可。

小试牛刀

请标注出下面结构体中的原类型名和新类型名分别是什么，并尝试用新类型名定义结构体变量 new。

【二维码 7-2-3】

```
typedef struct number
{ int   a;
    float  b;
} NUMBER;
```

任务实施

(1)使用定义结构体变量的三种不同方法，完成图 7-1 所示选手信息表结构体中结构体变量 cont1 和 cont2 的创建。

_____

(2)使用 typedef 关键字将选手信息结构体重命名为 CONTESTANT，并用它定义结构体变量 cont3 和 cont4。

_____

【二维码 7-2-4】

任务总结

（1）记录易错点。

_____

_____

（2）通过完成以上任务，你有哪些心得体会？

_____

_____

任务拓展

为了建立参赛选手的健康档案表，已经在任务一中完成了 health 结构体的创建，请将当前结构体进一步重命名为 HEALTH，并完成结构体变量 h_cont1 和 h_cont2 的创建。

写出你针对上述问题的程序设计思路。

_____

_____

_____

源代码的设计如下。

_____

_____

_____

_____

【二维码 7-2-5】

_____

_____

任务三
添加并处理单条选手信息——
结构体变量的引用和初始化

任务描述

在正确定义结构体变量以后，系统会为其分配内存，如果要使用结构体变量的值，首先需要对结构体变量进行初始化，这就要求对结构体变量内的每个成员进行赋值。如图 7-3 所示，这个过程等价于在选手信息表中为每个选手添加具体信息。

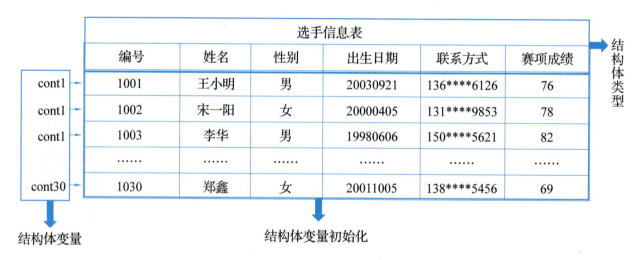

选手信息表						
	编号	姓名	性别	出生日期	联系方式	赛项成绩
cont1	1001	王小明	男	20030921	136****6126	76
cont1	1002	宋一阳	女	20000405	131****9853	78
cont1	1003	李华	男	19980606	150****5621	82
……	……	……	……	……	……	……
cont30	1030	郑鑫	女	20011005	138****5456	69

结构体变量   结构体变量初始化

图 7-3　结构体变量初始化示意

初始化结构体变量的目的是使用结构体变量的成员，结构体变量的每个成员都可以看作一个独立的变量，称为成员变量，它们可以进行该成员所属数据类型允许的一切运算。

任务分析

掌握结构体变量的初始化方法及注意事项，能够通过句点运算符引用结构体变量。请同学们根据分析，搜集相关资料，思考以下问题。

（1）在 C 语言中，不同数据类型定义的变量占不同大小的内存空间，那么结构体变量占用的内存空间是多大呢？

_____

_____

（2）结构体变量和普通变量在初始化、输入、输出等方面有什么异同？

_____

_____

📖 任务分组

按照 5 人一组，将班级学生进行分组，分别代表组长、任务汇报员、信息资料整理员、代码汇错员、程序操作员。要求分工明确，轮流安排组长，给每个人提供组织协调的平台，注意培养学生的团队协作能力。学生任务分组表见表 7-6。

表 7-6　学生任务分组表

班级		组号		任务
组员	学号	角色分配		工作内容

💻 任务准备

7.3　结构体变量的引用和初始化

7.3.1　结构体变量的初始化

结构体变量初始化的一般形式如下。

```
结构体类型名结构体变量名 = {成员 1 的值,成员 2 的值,…};
```

花括号必须成对存在，每个初始值应与结构体中成员一一对应，最后不能遗漏分号。

结构体变量的初始化有两种情况。

（1）结构体内成员列表均为基本变量，赋值时直接放在花括号中即可。例如：

```
struct date
{
    int year,month,day;
};
struct date birthday={2022, 10,1};        //不能遗漏结构体类型名而单独对 birthday 赋值
```

这种情况的初始化效果见表 7-7。

表 7-7　结构体变量初始化效果

结构体变量	struct date		
	year	month	day
birthday	2022	10	1

(2)若结构体内成员有结构体变量，则在赋值时可以将该成员单独放到一个括号中，也可以不带花括号，系统自动识别结构体变量的成员个数。例如：

```
struct contestant
{
    char no[5];
    char name[10],sex[3];
    struct date day;
    char phone[12];
    int score;
}birthday={"1001","王小明","男",{2022, 10,1},"136* * * 6126",76};
```

敲黑板

(1)不能在定义结构体类型时对其中的成员初始化，因为结构体类型不是程序运行时的实体，系统不为它们分配内存空间，所以对其初始化没有意义。

(2)只能对结构体变量赋初值。

(3)因为数据在结构体内是连续存放的，所以进行初始化的时候，不能跨越前面的成员而只给后面的成员赋值。如要单独为结构体 struct date 中的月份赋值，直接使用语句"struct date birthday={10};"是错误的。

(4)同类型的结构体变量之间可以相互赋值，形式如下。

```
结构体变量 1=结构体变量 2；
```

若用 struct date 结构体再定义一个变量 holiday，则"holiday=birthday;"就是合法语句，表示将 birthday 变量的值赋给了 holiday 变量。赋值后的结构体效果如表 7-8 所示。

表 7-8　struct date 结构体的两个结构体变量

结构体变量	struct date		
	year	month	day
birthday	2022	10	1
holiday	2022	10	1

7.3.2　访问结构体变量

当把结构体变量作为一个整体时，它只能进行赋值运算，但结构体变量的每个成员都可以被当作一个独立的变量来操作。C 语言提供了新的运算符——句点运算符"."，结构体变量中的各个成员都可以通过句点运算符直接访问和引用，引用的一般形式如下。

```
结构体变量名 . 结构体成员变量
```

例如，通过"birthday. year"就可以访问数据"2022"。

例 7-1　基于结构体 struct contestant，对结构体变量中的各个成员进行赋值以及输出程序如下。

```
main()
{
    struct contestant cont2;
    strcpy(cont2.no,"1002");                               //strcpy()字符串复制函数
    printf("请输入选手姓名:\n");
    gets(cont2.name);                                      //gets()字符串输入函数
    cont2. score=78;                                       //直接赋值
    printf("请输入选手性别　生日　联系方式:\n");
    scanf("%s %s %s",cont2. sex,cont2. birthday,cont2. phone); //scanf()格式化输入函数
    printf("\n%s 号选手信息展示:",cont2. no);
    printf("\n%s,%s,%s,%s,%s,%d",cont2. no,cont2. name,cont2. sex,cont2. birthday,
cont2. phone,
    cont2. score);
}
```

以 struct contestant 结构体为例，下面都是例 7-1 中提到的能对成员变量正确访问和单独赋值的例子，程序运行结果如图 7-4 所示。

```
请输入选手姓名:
宋一阳
请输入选手性别　生日　联系方式:
女 20000405 131****9853

1002号选手信息展示:
1002,宋一阳,女,20000405,131****9853,78
```

图 7-4　例 7-1 程序运行结果

（1）gets(cont2. name)；　　//通过 gets() 字符串输入函数，接收数据并存放进成员变量 cont2. name 中，即结构体变量 cont2 中的 name 变量。

（2）strcpy(cont2. no,"1002")；　　//通过 strcpy() 字符串复制函数，接收字符串"1002"并复制到成员变量 cont2. no 中，即结构体变量 cont2 中的 no 变量。

（3）cont2. score = 78；　　//使用直接赋值的方法，将整型数据 78 赋给成员变量 cont2. score，即结构体变量 cont2 中的 score 变量。

（4）scanf("%s %s %s", cont2. sex, cont2. birthday, cont2. phone)；//通过 scanf() 格式化输入函数，以%s 的格式接收字符串，分别存放进成员变量 cont2. sex、cont2. birthday 和 cont2. phone 中，即结构体变量 cont2 中的变量 sex、birthday 和 phone。

注意，"printf("%s,%s,%s,%s,%s,%d", cont2)；"语句是错误的，程序不允许通过输出结构体变量名的方式来输出它的所有成员的值。在 C 语言中，输入/输出结构体数据时必须分别指明结构体变量中的各个成员再进行操作。

7.3.3　结构体变量的嵌套引用

如果成员变量本身是其他结构体类型，则要用句点运算符一级级地找到最底层的成员变量。也就是说，只能对最底层的成员变量进行赋值、存取或运算。引用的一般形式如下。

> 结构体变量名. 结构体成员变量. 结构体成员的子变量

例 7-2　结构体变量的逐级访问。

基于结构体 struct contestant(内嵌结构体变量 struct date birthday)进行结构体变量 cont3 的逐级访问。

```
main()
{
    struct contestant cont3;
    printf("请输入选手的出生日期(年 . 月 . 日):\n");
    scanf("%d.%d.%d", &cont3. birthday. year, &cont3. birthday. month, &cont3. birthday. day);
    printf("李华的出生日期是:%d 年%d 月%d 日", cont3. birthday. year, cont3. birthday. month, cont3. birthday. day);
}
```

程序运行结果如图 7-5 所示。

```
请输入选手的出生日期（年.月.日）:
1998.06.06
李华的出生日期是：1998年6月6日
```

图 7-5　例 7-2 程序运行结果

小试牛刀

若存在结构体 struct｛ float a；char b ｝c =｛5，'E'｝，当前结构体名为
_____，结构体变量为_____，通过_____表达式
可以引到'E'。

【二维码 7-3-1】

7.3.4　sizeof 求字节数运算符

C 语言提供了一种求字节数的运算符：sizeof。它属于单目运算符，具有右结合性，功能是求指定类型数据或变量在内存中占用的内存空间(字节数)，其一般形式如下。

```
sizeof(类型标识符)  或  sizeof(变量名)
```

有了结构体变量后，系统会为其分配内存空间，在一般情况下，系统分配给结构体变量的内存空间主要取决于结构体中各个成员变量所占用的内存空间大小以及结构体内存对齐规则。

(1)成员变量所占用的内存空间大小。

例如，char 类型占用 1 个字节的内存空间，int 类型通常占用 4 个字节的内存空间。

(2)结构体内存对齐规则。

为了提高内存访问效率，编译器会对结构体成员进行内存对齐，通常包括以下几点：

①第一个成员变量：总是放在结构体变量的起始位置。

②其他成员变量：其存储的起始位置要从该成员变量大小或该成员变量类型的整数倍的地址开始。例如，成员变量为 int 类型(占用 4 个字节的内存空间)时，其起始地址必须是 4 的整数倍。

③结构体所占内存空间的总大小必须是其内部最大成员变量大小的整数倍。如果结构体内部成员变量的总大小不是最大成员变量大小的整数倍，则会在结构体成员末尾添加足够的填充字节(padding)。

例 7-3　结构体变量求字节数。

```c
#include <stdio.h>
structMystruct
{
    char a;              //1 字节
    int b;               //4 字节
    double c;            //8 字节
}mn;
main()
{
    printf("整型数据占用内存为:%d 个字节 \n \n",sizeof(int));
    printf("mn 结构体变量内的成员分别占用的内存为:");
```

```
    printf("%d,%d,%d\n\n",sizeof(mn.a),sizeof(mn.b),sizeof(mn.c));
    printf("实际mn结构体变量占用的内存为:%d\n",sizeof(mn));
}
```

程序运行结果如图7-6所示。

```
整型数据占用内存为：4个字节
mn结构体变量内的成员分别占用的内存为：1,4,8
实际mn结构体变量占用的内存为：16
```

图7-6　例7-3程序运行结果

在不考虑内存对齐的情况下，该结构体的大小似乎是1+4+8＝13(字节)。但实际上，由于内存对齐要求，该结构体的大小可能增加。具体分析如下。

(1)char类型的a放在起始地址处。

(2)int类型的b需要从4倍数地址开始，因此a后面可能需要填充3个字节。

(3)double类型的c需要从8倍数地址开始，如果c的起始地址不是8的倍数，则需要进行额外填充。

(4)整个结构体的总大小需要是8的倍数(因为double是最大的成员变量类型)。

小试牛刀

若存在结构体"struct st{ float a[4]; int b; }c;"，执行语句"printf("%d,%d,%d", sizeof(c.a), sizeof(c.b), sizeof(c));"后的输出结果是＿＿＿＿＿＿。

【二维码7-3-2】

🖱 任务实施

根据表7-9，在已定义结构体struct contestant和结构体struct date的前提下，要求直接对选手cont1和cont2的信息进行初始化，选手cont3的信息由键盘输入，最后把3名选手的姓名及赛项成绩输出显示。补充程序中的代码，并上机编译程序。程序运行结果如图7-7所示。

【二维码7-3-3】

表7-9　选手信息表

编号	姓名	性别	出生日期			联系方式	赛项成绩
			年	月	日		
1001	王小明	男	2003	9	21	136＊＊＊＊6126	76
1002	宋一阳	女	2000	4	5	131＊＊＊＊9853	78
1003	李华	男	1998	6	6	150＊＊＊＊5621	82

```
#include <stdio.h>
main()
{
    struct contestant cont1={"1001","王小明","男",{2003,9,21},"136* * * * 6126",76};
    _____ cont2={"1002","宋一阳","女",_____,"136* * * 6126",78};
    struct contestant cont3={"1003"};
    printf("请输入第三名选手的姓名:\n");
    gets(_____);                          //输入李华的姓名
    printf("请输入第三名选手的性别    出生日期(年/月/日):\n");
    scanf("_____%d/%d/%d",cont3.sex,_____,_____,&cont3.birthday.
day);
    printf("请输入第三名选手联系方式:\n");
    getchar();
    gets(_____);                              //输入李华的联系方式
    _____                                 //通过直接赋值法初始化李华的成绩
    printf(" \n———————————————————— \n 姓名 \t 赛项成绩 \n");
    printf("%s \t%d \n",cont1.name,cont1.score);
    printf("%s \t%d \n",cont2.name,cont2.score);
    printf("%s \t%d \n",_____);
}
```

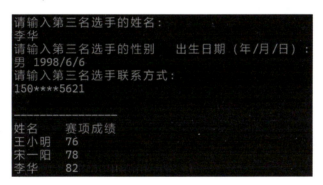

图 7-7　任务实施程序运行结果

任务总结

(1)记录易错点。

_____

_____

(2)通过完成以上任务,你有哪些心得体会?

_____

_____

任务拓展

成功之道是不断学习,不断进步。走出校园并不代表学习终止,而是实践的起始。在职场中,只有根据社会需求不断进修,才能在工作中更加游刃有余。某大学进修课成绩表见表 7-10。要求通过键盘输入 3 名社会人员进修的成绩(平时表现、章节测评、期末考试),计算并输出每个人的编号、姓名及最终成绩。

表 7-10　进修课成绩表

编号	姓名	成绩来源			最终成绩
		平时表现 (20%)	章节测评 (40%)	期末考试 (40%)	
20222001	张宁	85	90	89	88.0
20222002	赵娟	100	90	95	94
20222003	李景	93	87	95	91.4

(1)写出你针对上述问题的程序设计思路。

_____

_____

_____

【二维码 7-3-4】

(2)源代码的设计如下。

_____

_____

_____

_____

【二维码 7-3-5】

任务四

处理多位选手信息——结构体数组

🔍 任务描述

在前面的选手信息表中，每名选手的信息都需要用一个结构体变量表示，若要描述 30 名选手的信息，就需要使用 30 个这样的变量，这样的设定会使程序员的工作量增大，不利于后续数据的处理。

数组用于存放同一种类型的数据，当把 struct contestant 类型的结构体变量汇总到数组中表示全体选手的信息时（图 7-8），就构成了结构体数组。

选手信息表						
	编号	姓名	性别	出生日期	联系方式	赛项成绩
cont1	1001	王小明	男	20030921	136****6126	76
cont1	1002	宋一阳	女	20000405	131****9853	78
cont1	1003	李华	男	19980606	150****5621	82
	……	……	……	……	……	……
cont30	1030	郑鑫	女	20011005	138****5456	69

结构体变量

图 7-8　选手信息表的结构体数组

💡 任务分析

了解结构体数组的概念，能够对结构体数组进行定义、引用和初始化。请同学们根据分析，搜集相关资料，思考以下问题思考。

（1）结构体数组属于一维数组还是二维数组？它们的异同是什么？

（2）如果某成员是字符数组形式的字符串，那么能否通过结构体数组访问其中具体某个字符？

___

📖 任务分组

按照 5 人一组，将班级学生进行分组，分别代表组长、任务汇报员、信息资料整理员、代码汇错员、程序操作员。要求分工明确，轮流安排组长，给每个人提供组织协调的平台，注意培养学生的团队协作能力。学生任务分组表见表 7-11。

表 7-11　学生任务分组表

班级		组号		任务	
组员	学号	角色分配		工作内容	

🖥 任务准备

7.4　结构体数组

7.4.1　定义结构体数组

与定义结构体变量一样，结构体数组的定义也分为"先定义结构体类型，再定义结构体数组""在定义结构体类型的同时定义结构体数组""以无名结构体类型直接定义结构体数组"三种方式，具体参考结构体变量的三种定义方式。

例如，图 7-8 中"选手信息表"的普通变量 cont1、cont2、……、cont30 可以组合成数组 contArr[30]，其元素为 contArr[0]、contArr[1]、……、contArr[29]。

7.4.2　结构体数组的初始化

结构体数组初始化的过程也是为每个元素赋值的过程，所有成员可以依次放在一对花括号中，一般形式如下。

数组名[数组长度]={成员 1,成员 2,成员 3,……};

在初始化的过程中，可以不指定结构体数组的长度，系统会根据结构体类型中的成员设定以及花括号中现有的成员个数，自动确定数组长度并分配内存空间。

为了清晰起见，建议将每个元素的成员分别用一对花括号括起来，成员中如果有嵌套的结构体变量，则其下一级成员也用花括号括起来，注意多个元素、成员之间要用逗号分隔。结构体数组初始化的一般形式如下。

```
结构体类型  数组名[数组长度]={{成员1,成员2,成员3},   //第0个元素的成员们
                          {成员1,成员2,成员3},   //第1个元素的成员们
……};
```

这样书写可以让阅读和检查都比较方便，在数组元素较多的情况下优势更为明显。

小试牛刀

根据图7-8中的"选手信息表"，完成前3名选手contArr[3]数组的初始化。

[二维码7-4-1]

```
structcontestant contArr[3]=_____
                            _____
                            _____
```

7.4.3　访问结构体数组的成员

结构体数组中的每个元素都是一个变量，它们包含各自的所有成员项，因此结构体数组访问数据的方式与结构体变量一致，都是使用句点运算符进行访问，一般形式如下。

```
结构体数据元素.成员名
```

例如：

```
contArr[0].name;            //表示第0个元素的name成员
contArr[1].no[10];          //表示第1个元素的no成员的第10个字符
contArr[2].birthday.year;   //表示第2个元素的birthday成员的year成员
```

可以通过例7-4进行验证。

例7-4　在struct contestant、struct date已经定义的情况下，访问结构体数组的成员。

```
#include <stdio.h>
main()
{
    struct contestant contArr[3]={{"1001","王小明","男",{2003,9,21},"136＊＊＊
                                  6126",76},
                                 {"1002","宋一阳","女",{2000,4,5},"131＊＊＊
                                  9853",78},
                                 {"1003","李华","男",{1998,6,6},"150＊＊＊
                                  5621",82}};
```

```
        printf("第 1 个选手的姓名是:");
        puts(contArr[0].name);              //表示第 0 个元素的 name 成员,即"王小明"
        printf("\n 第 2 个选手的编号最后一位数是:");
        putchar(contArr[1].no[3]);          //no 字符数组元素的下标范围是 0-3,最后一
                                            //个下标是 3
        printf("\n\n 第 3 个选手的出生年份是:");
        printf("%d",contArr[2].birthday.year);  //表示第 2 个元素下 birthday 成员下的 year
                                                //成员
    }
```

例 7-4 程序运行结果如图 7-9 所示。

```
第1个选手的姓名是：王小明

第2个选手的编号最后一位数是：2

第3个选手的出生年份是：1998
```

图 7-9　例 7-4 程序运行结果

小试牛刀

(1)若存在结构体 struct abc{ int a，b，c；}，则执行下列语句后，t 的输出结果是_____。

【二维码 7-4-2】

```
struct abc s[2]={ { 11,12,13},{ 24,25,26} };
int t=s[0].a+s[1].b;
```

(2)若存在结构体 struct ord{int x，y；}，则执行下列语句后，m 的输出结果是_____。

```
struct ord dt[3]={5,6,3,4,1,2};
int m=dt[1].x * dt[0].x%dt[2].y;
```

任务实施

在已定义结构体 structcontestant 和 struct date 的前提下，继续根据图 7-8 中"选手信息表"所示内容，定义结构体数组 contArr[3]并初始化，通过 for 循环结构完成出生日期、赛项成绩和联系方式的输入，最终将表中选手姓名及出生日期对应输出显示。根据要求，将以下程序补充完成，并上机编译。

【二维码 7-4-3】

```
main()
{
    struct contestant contArr[3]={ {"1001","王小明","男"},{"1002","宋一阳","女"},
    _____};                      //结构体数组初始化
```

```
        int i;
        printf("请输入学生的出生日期(年/月/日)\n");
        for(i=0;i<3;i++)
        {
            printf("%s:",contArr[i].name);
            scanf("%d/%d/%d",&contArr[i].birthday.year,&contArr[i].birthday.month,
_____);
        }
        printf("请输入学生的联系方式:\n");
        for(i=0;i<3;i++)
        {
            printf("%s:",contArr[i].name);
            scanf("%s",_____);
        }

        printf("请输入学生的赛项成绩:\n");
        for(i=0;i<3;i++)
        {
            printf("%s:",contArr[i].name);
            scanf("%d",_____);
        }
        printf("\n--------------------选手信息表--------------------\n");
        printf("编号\t姓名\t性别\t\出生日期\t联系方式\t赛项成绩\n");
        for(i=0;i<3;i++)
        printf("%s\t%s\t%s\t%d/%d/%d\t%s\t%d\n",contArr[i].no,contArr[i].name,
contArr[i].sex,
_____,contArr[i].birthday.month,contArr[i].birthday.day,contArr[i].
phone,contArr[i].score);
    }
```

💻 任务总结

（1）记录易错点。

_____

_____

（2）通过完成以上任务，你有哪些心得体会？

_____

_____

任务拓展

在任务三拓展题目的基础上,根据表 7-12,以结构体数组的形式完成进修课成绩表中编号、姓名和成绩来源三项内容的初始化,计算最终成绩后,以循环的形式输出姓名及最终成绩。

表 7-12　进修课成绩表

编号	姓名	成绩来源			最终成绩
		平时表现 (20%)	章节测评 (40%)	期末考试 (40%)	
20222001	张宁	85	90	89	88.0
20222002	赵娟	100	90	95	94
20222003	李景	93	87	95	91.4

(1)写出你针对上述问题的程序设计思路。

【二维码 7-4-4】

(2)源代码的设计如下。

【二维码 7-4-5】

任务五
健康素养测试成绩表——共用体

🔍 任务描述

党的二十大报告提出："广泛开展全民健身活动,加强青少年体育工作,促进群众体育和竞技体育全面发展,加快建设体育强国。"学习贯彻党的二十大精神,深刻理解参赛选手不仅要有好的脑力,还要有健康的体魄,才能更长久地为我国数字化建设做贡献。为了督促选手保持良好的体力精力,主办方要求选手积极参与体育锻炼、增强自身体质,并进行了健康素养测试,男生测试立定跳远,女生测试仰卧起坐。根据选手的测试情况,将成绩统计在如表 7-13 所示的健康素养测试成绩表模板中。

表 7-13　健康素养测试成绩表模板

姓名	性别	项目	成绩
……	男	立定跳远	米
……	女	仰卧起坐	个

健康素养测试成绩根据性别的不同被分为两类,立定跳远的成绩用 float 型数据表示,仰卧起坐的成绩用 int 型数据表示,它们的数据类型不同,却共同占用"成绩"的存储空间,这就要用到另一种和结构体十分相近的语法对象,即共用体,它也是由用户自定义的构造类型。

💡 任务分析

了解共用体的概念,掌握共用体的结构和特点,掌握共用体变量的定义和引用方法。请同学们根据分析,搜集相关资料,思考以下问题。

(1)共用体是什么?它和结构体有哪些异同?

_____

_____

(2)举例说明在哪些情况下可以使用共用体类型处理表格数据。

_____

_____

 任务分组

　　按照 5 人一组，将班级学生进行分组，分别代表组长、任务汇报员、信息资料整理员、代码汇错员、程序操作员。要求分工明确，轮流安排组长，给每个人提供组织协调的平台，注意培养学生的团队协作能力。学生任务分组表见表 7-14。

表 7-14　学生任务分组表

班级		组号		任务	
组员	学号	角色分配		工作内容	

任务准备

　　在 C 语言中，在进行某些算法的编程时，需要将几种不同类型的变量存放到同一段内存空间中，如字符型、短整型、整型变量，它们在内存中所占的字节数不同，但都从同一个地址开始存放。这种由不同类型的变量共同使用同一内存空间的结构，在 C 语言中被称为"共用体"，根据对关键字 union 翻译的不同，有时也称之为"联合体"。

　　作为构造类型，共用体也需要先定义类型，然后才能定义和引用共用体变量。

7.5　共用体

7.5.1　定义共用体类型

定义共用体类型的一般形式如下。

```
union   共用体名
{
    成员列表;
};
```

　　union 是定义共用体类型的关键字，不能省略。共用体名遵循标识符命名规则。"{ }"中的成员列表与结构体类型的成员说明一致，可以是由基本数据类型定义的成员，也可以是由结构体类型或其他共用体类型定义的成员。

小试牛刀

将表 7-13 中的"成绩"列定义为 cont 共用体类型，其中立定跳远(ldty)项目成绩为 float 型，仰卧起坐(ywqz)项目成绩为 int 型。

_____

_____

_____

_____

【二维码 7-5-1】

7.5.2　定义共用体变量

与结构体变量的定义方法一样，定义共用体变量也有三种方法。

1. 先定义共用体类型，后定义共用体变量

一般形式如下。

```
union 共用体名
{
    成员表列;
};                              //定义共用体类型
union 共用体名 变量名列表;        //定义共用体变量
```

"union 共用体名"作为一个整体来表示自定义的共用体类型，这两部分缺一不可。共用体也可以像结构体一样，使用 typedef 关键字声明新的共用体类型名来代替原有的共用体类型名。例如"typedef union cont cont"，在后续使用中就可以直接使用 cont 作为共用体类型来定义共用体变量，"cont cj;"就表示定义了一个共用体变量 cj。

2. 同时定义共用体类型和共用体变量

一般形式如下。

```
union 共用体名
{
    成员列表;
}变量名列表;                      //多个变量用逗号隔开
```

3. 直接定义变量

格式：

```
union                           //没有共用体类型名
{
    成员表列;
}变量名列表;
```

前两种定义共用体变量的方法是等价的，第三种方法由于没有定义该共用体类型名，所

以后续不能使用该方法定义其他共用体变量。

系统只为定义完的共用体变量分配内存空间。与结构体变量不同的是：结构体变量的各个成员占用不同的内存空间，互相独立存在，其占用的内存空间大于等于所有成员占用内存空间的总和(成员之间可能会存在缝隙)；而共用体的所有成员从同一地址开始占用同一段内存空间，它们占用的内存空间一般来说等于最长的成员占用的内存空间。例 7-5 是使用 sizeof 求字节运算符来验证共用体变量的内存长度。

例 7-5 验证共用体变量的内存长度。

```c
#include <stdio.h>
unioncont                          //共用体类型名
{
    char a[8];                     //定义一个占 8 个字节的字符串
    short b;
    int c;
}s;
main()
{
    printf("共用体变量的字节数是:%d",sizeof(s)) ;
}
```

共用体变量 s 的存储示意如图 7-10 所示，当前结构体中的最大成员变量所占用内存空间为 8 个字节，因此共用体所占用内存空间字节数的输出结果为 8。

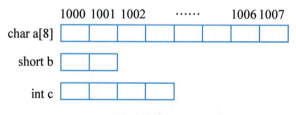

图 7-10 共用体变量 s 的存储示意

注意，共用体所占用内存空间的大小一定是成员中最大的数据类型的整数倍，如果不是，则需要补足。当前若修改字符串长度为 10，即"char a[10];"，则程序运行结果如图 7-11 所示，共用体所占用内存空间字节数为 12。因为成员中最大的数据类型 int 占 4 个字节，而 10 不是 4 的整数倍，所以需要在后面补 2 个字节。现在共用体变量 s 的存储示意如图 7-12 所示。

共用体变量的字节数是：12

图 7-11 例 7-5 程序的运行结果

图7-12　修改字符串长度后共用体变量 s 的存储示意

7.5.3　共用体变量的引用和初始化

定义完共用体变量就可以引用共用体变量的成员，引用的一般形式如下。

共用体变量名.成员名。

共用体为了节省内存空间，把不同类型的几个变量共同放在同一地址单元中，然后分阶段先后使用，在任意时刻，只有一个成员有意义，改变共用体中的一个成员，就会改变整个共用体，因此共用体变量不能进行整体引用。

例7-6　共用体变量的引用。

```c
#include <stdio.h>
typedef unioncont
{
    char x;
    int y;
}cont;
main()
{
    cont s1,s2;
    s1.x='C';
    s1.y=65;
    printf("共用体变量的地址是:");
    printf("&s1=%x,&s1.x=%x,&s1.y=%x \n",&s1,&s1.x,&s1.y);
    printf("共用体变量 s1 成员的值为:");
    printf("s1.x=%c    s1.y=%d \n",s1.x,s1.y);
    s1.y=97;
    s2=s1;
    printf("共用体变量 s2 的值为: ");
    printf("s2 的当前值为%c \n",s2.y);
}
```

程序运行结果如图7-13所示。

```
共用体变量的地址是：  &s1=64fe10，&s1.x=64fe10，&s1.y=64fe10
共用体变量s1成员的值为：  s1.x=A    s1.y=65
共用体变量s2的值为：   s2的当前值为a
```

图7-13　例7-6程序运行结果

对照例7-6程序运行结果，可以得出共用体具有如下特点。

(1)共用体变量中允许不同数据类型的成员放在同一段内存空间中，因此共用体变量的地址和它的各成员的地址都是同一个地址。例如：&s1.x，&s1.y是相同值。

(2)共用体变量使用了内存覆盖技术，在每个瞬间内存单元中只能存放一个值，也就是说在每个瞬间只有一个成员起作用。例如：s1.x和s1.y不会同时存在。

(3)共用体变量中起作用的成员永远是最后一次被存入的成员。例如，执行"s1.y=65；"语句后，"s1.x='C';"所在的内存单元就被覆盖了，当前共用体变量s1的值就是其成员y的值。再次执行"s1.y=97；"语句后，共用体变量s1的当前值就变成97。

(4)同一共用体数据类型的共用体变量间可以互相赋值。在例7-6程序中，执行"s2=s1；"语句后，s2.y的值是确定的，共用体变量s2的值为97。

除此以外，共用体还具有以下特点。

(1)不能对共用体变量名进行赋值、输入和输出操作，也不能在定义共用体变量的同时进行初始化，但可以对共用体变量中的某一成员进行初始化。例如：

```
unioncont
{
    char x;
    int y;
}s1={'C',65};              //不合法,不能同时对x和y进行初始化
unioncont s1={'C'};        //将s1变量的第一个成员初始化
unioncont s1={.y=97};      // 允许对指定的一个成员初始化
```

(2)共用体类型和结构体类型在定义时可以嵌套使用，也可以定义共用体数组，其方法与结构体数组类似。

🖱 任务实施

通过结构体嵌套共用体的方式来处理表7-15所示的健康素养测试成绩表。将健康素养测试成绩表定义为结构体test，存放选手的姓名、性别、项目和成绩，其中"成绩(cj)"项要被定义为cont共用体类型，用于存放男士立定跳远(ldty)和女士仰卧起坐(ywqz)的成绩。现在要求输入6名选手的所有数据，输出健康素养测试成绩中不合格的选手信息(立定跳远成绩达到2.11米为合格，仰卧起坐成绩达到26个为合格)。

[二维码7-5-2]

根据要求，将以下程序补充完整，并上机编译。程序运行结果如图 7-14 所示。

表 7-15 健康素养测试成绩表

姓名	性别	项目	成绩
王小明	男	立定跳远	2.09 米
宋一阳	女	仰卧起坐	27 个
李华	男	立定跳远	2.15 米
杨杨	男	立定跳远	1.98 米
朱晓晓	女	仰卧起坐	28 个
周星	女	仰卧起坐	24 个
……	……	……	……

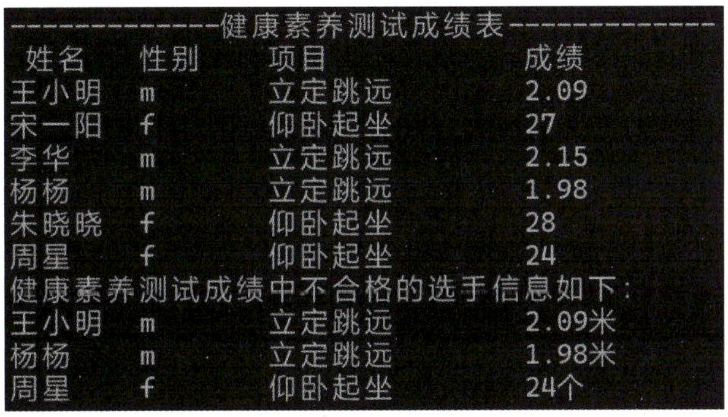

图 7-14 任务实施程序运行结果

```
#include <stdio.h>
typedef _____{
    _____          //立定跳远
    int ywqz;                //仰卧起坐
}CONT;
typedef _____{
    char name[10];
    _____          //准备用 m 表示男选手,f 表示女选手
    char program[20];
    _____          //成绩列
}TEST;
main()
{
    _____          //定义结构体数组,用于存放 6 个选手成绩
    int i;
    printf("-------------健康素养测试成绩表-------------\n");
```

```
    printf(" 姓名      性别     项目      成绩 \n");
    for(i=0;i<6;i++)
    {
        scanf("%s%s%s",_____,_____,&s[i].program);
        if(_____ =='m')
        scanf("%f",_____);
        else
        scanf("_____",&s[i].cj.ywqz);
    }
    printf("健康素养测试成绩中不合格的选手信息如下:\n");
    for(i=0;i<6;i++)
    {
        if(s[i].sex=='m'&& s[i].cj.ldty_____)
        printf("%-6s%6c%8s%8.2f 米 \n",s[i].name,s[i].sex,s[i].program,s[i].cj.ldty);
        else if(_____)
        printf("%-6s%6c%8s%8d个 n",s[i].name,s[i].sex,s[i].program,_____);
    }
}
```

任务总结

(1)记录易错点。

_____

_____

(2)通过完成以上任务,你有哪些心得体会?

_____

_____

任务拓展

选手视力情况表见表7-16。请通过结构体嵌套共用体的方式,定义 vision 结构体和 glass 共用体,根据"是否戴眼镜"来输入和输出选手信息,其中"视力"用 float 型数据表示,"眼镜度数"用 int 型数据表示。程序运行结果如图7-15所示。

表 7-16　选手视力情况表

姓名	性别	是否戴眼镜	视力/眼镜度数
王小明	男	N	5.1
宋一阳	女	Y	78
李华	男	Y	150
杨杨	男	Y	200
朱晓晓	女	N	4.9
周星	女	Y	475
……	……	……	……

图 7-15　任务拓展程序运行结果

(1)写出你针对上述问题的程序设计思路。

_____

_____

_____

(2)源代码的设计如下。

_____

_____

_____

【二维码 7-5-3】

_____

项目复盘

通过个人自评、小组互评、教师点评，从三方面对本项目内容的学习掌握情况进行评价，并完成考核评价表。考核评价表见表 7-17。

表 7-17　考核评价表

序号	评价项目	评价内容	分值	自评 (30%)	互评 (30%)	师评 (40%)	合计
1	职业素养 (30 分)	分工合理，制订计划能力强，严谨认真	5				
		爱岗敬业，具有安全意识、责任意识、服从意识、环保意识	5				
		能进行团队合作，与同学交流沟通、互相协作、分享能力	5				
		遵守行业规范、现场 6S 标准	5				
		主动性强，保质保量完成工作页相关任务	5				
		能采取多样化手段收集信息、解决问题	5				
2	专业能力 (60 分)	掌握结构体类型的定义方法	10				
		掌握定义结构体变量的三种方法	15				
		熟练使用 typedef 关键字	5				
		了解 sizeof 求字节运算符的使用方法	5				
		掌握结构体变量的初始化和引用	15				
		结构体数组的定义、引用和初始化	10				
3	创新意识 (10 分)	创新性思维和行动	10				
合计			100				
评价人签名：					时间：		

项目达标检测

一、选择题

1. 以下关于结构体的叙述中错误的是(　　)。

A. 结构体是一种可由用户构造的数据类型

B. 结构体中的成员可以具有不同的数据类型

C. 结构体中的成员不可以与结构体变量重名

D. 可以在定义结构体变量的同时对结构体变量进行初始化

2. 结构体是(　　)，共用体是(　　)。

【项目七达标检测二维码】

A. 只有一个成员一直驻留在内存中　　　B. 没有成员驻留在内存中

C. 部分成员驻留在内存中　　　　　　　D. 所有成员一直驻留在内存中

3. 以下结构体类型变量的定义中不正确的是(　　　)。

A.

```
typedef struct as
{int n;
    float m;
}AA;   AA tdl;
```

B.

```
struct as
{int n;
    float m;
}tdl;
```

C.

```
struct
{int n;
    float m;
}aa;
struct aa tdl;
```

D.

```
struct
{int n;
    float m;
}aa;
```

4. 以下程序运行结果是(　　　)。

```
#include<stdio.h>
struct   st1{
    float a;
    int b[5];
} c;
main()
{printf("%d,%d,%d\n",sizeof(c.a), sizeof(c.b), sizeof(c));}
```

A. 4，20，24　　　　B. 4，20，28　　　　C. 8，20，28　　　　D. 8，10，18

5. 以下程序的运行结果为(　　　)。

```
#include<stdio.h>
struct abc {
    int a,b;
}con[2]= { { 3,10},{7} };
main( )
{
    printf("%d",con[0].b/con[0].a *  con[1].a);
}
```

A. 20   B. 21   C. 22   D. 23

二、填空题

1. typedef 关键字的作用是_____，若存在语句"typedef struct s{ int a;} T;"，则其中_____可以用来定义结构体变量，_____是成员变量。

2. 现有语句"struct abc{ int x; char ch; } s1={11, 'K'};"，若要再定义 s2 并为其赋值 12 和'M'，则需要执行语句_____。

3. 若存在一个结构体变量，其成员的数据类型分别为 int、float、char，则当前结构体变量占_____字节的内存空间。

三、程序分析题

以下程序段的输出结果是_____。

```
#include<stdio.h>
struct country
{
    int num;
    char name[20];
}x[5]={1,"China",2,"France",3,"England",4,"Spanish",5,"Turkey"};
main()
{
    int i;
    for(i=2;i<5;i++)
    printf("%d%c",x[i].num,x[i].name[0]);
}
```

四、程序设计题

1. 某部门有 5 名员工参与了计算机专业竞赛，每名员工的成绩如表 7-18 所示，请输入员工成绩并分别统计 C 语言和数据库成绩及格(≥60)的人数。

表 7-18　计算机专业竞赛成绩

计算机专业竞赛			
工号	姓名	成绩	
		C 语言	数据库
202301	张三	65	77
202302	李四	61	57
202303	王五	54	83

2. 使用共用体计算几何图形(圆形和矩形)的面积。

【项目七所有答案解析】

项目八

北京冬奥会奖牌榜——指针

项目描述

由北京承办的第 24 届冬奥会于 2022 年 2 月 20 日落下帷幕，谷爱凌、任子威、武大靖等中国选手在自己擅长的领域大展风采，显示出中国强大的体育实力。最终，中国代表团以 9 金 4 银 2 铜的优异成绩锁定奖牌榜第 3 名，创下亚洲国家历届冬奥会奖牌榜最高名次。图 8-1 就是该届冬奥会奖牌榜前四名国家的具体奖牌数量。

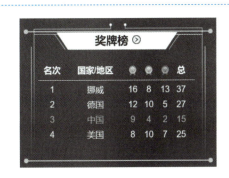

图 8-1　2022 年北京冬奥会奖牌榜前四名

现在，希望将名次、国家/地区、金/银/铜牌数量、各国家奖牌总数以图 8-2 所示的形式呈现出来。虽然使用前面学习的变量和数组能够达到预期效果，但是涉及的变量个数和循环次数比较多，代码冗余且占用内存较大，因此本项目介绍一个新的概念——指针。

图 8-2　2022 年北京冬奥会奖牌榜前四名输出效果

指针是 C 语言中比较难以理解和掌握的内容，与普通变量相比，指针不仅可以对数据本身，更可以对存储数据的变量地址进行相应操作，使用指针可以使代码更加简洁紧凑，从而提高程序运行效率。

项目目标

(1) 了解指针变量的定义及引用。

(2) 掌握如何使用指针指向并引用数组内容。

(3) 理解指向字符串和指向结构体的指针变量。

(4) 通过分析项目需求，能够编写并成功编译简单的指针程序。

 项目规划

任务一 运动员颁奖仪式——指针与地址

任务二 个人赛成绩的比较——指向简单变量的指针

任务三 团体赛成绩的比较——指向一维数组的指针变量

任务四 奥林匹克格言——指向字符串的指针变量

任务五 冬奥会奖牌数量分布——指向二维数组的指针变量

任务六 冬奥会各国奖牌总榜情况——指向结构体的指针变量

北京冬奥会奖牌榜——指针

任务一
运动员颁奖仪式——指针与地址

🔍 任务描述

校运会 800 米项目结束后，学校要给名列前三名的运动员颁发奖牌。若通过定义简单变量完成任务，则只需要知道运动员的名字（假设不存在重名情况），奖牌就能被准确地送到对应运动员手中，如图 8-3 所示。但是，也可以根据运动员所在的具体名次来颁奖，这就需要使用指针来完成。

图 8-3 以普通变量的形式存放数据

💡 任务分析

了解指针的概念，认识指针变量和指针运算符，理解指针访问内存单元的方式。请同学们根据分析，搜集相关资料，思考以下问题。

（1）数据在内存中是如何存储的？

_____

_____

（2）C 语言通过何种方式访问和使用内存单元？

_____

_____

任务分组

按照 5 人一组，将班级学生进行分组，分别代表组长、任务汇报员、信息资料整理员、代码汇错员、程序操作员。要求分工明确，轮流安排组长，给每个人提供组织协调的平台，注意培养学生的团队合作能力。学生任务分组表见表 8-1。

表 8-1　学生任务分组表

班级		组号		任务	
组员	学号	角色分配		工作内容	

任务准备

8.1　指针

8.1.1　指针的概念

指针简单来说就是内存的地址。它是 C 语言的核心概念，内容比较复杂，使用却很灵活，可以说是初学者学习的难点所在。指针可以提高程序的编译效率和执行速度，使程序更加简洁，它还用于表示和实现各种复杂的数据结构，从而为编写出高质量的程序奠定基础。

计算机中的所有数据都是存放在内存中的，为了能够正确地访问内存单元，对内存单元的每个字节进行编号，就像学校的教室、学生的宿舍可以通过编号来统一管理一样。内存单元的编号从 0 开始逐个加 1，直到最后一个字节。根据内存单元的编号就可以精准地找到该内存单元,这个编号被称为地址。

和其他高级程序设计语言一样,C 语言中的变量在使用存储空间时,它在内存中会有一个存储位置,这个位置就是该变量的地址,对变量值的存取其实就是通过它所在的地址进行的。在 C 语言中,变量所占据内存单元的首地址被形象化地称为"指针"。

不同数据类型的变量占用的内存单元长度不同,例如定义变量"int x = 5;",由于整型变量在 C 语言中占据 4 个字节,所以运行时系统会在存储区找到 4 个内存单元,如图 8-4 所示。假设所占据内存单元为 2022~2025,那么数值 5 将以二进制数的形式存储到这 4 个内存单元中。第 1 个内存单元的编号 2022 就是变量 x 的地址,即 x 的指针。在本项目的后续学习中,主要以图 8-5 所示的形式表示指针。

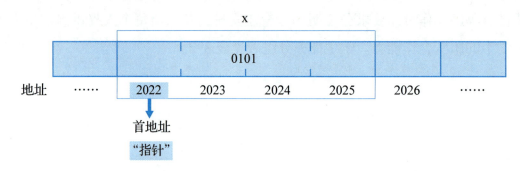

图 8-4 整型变量在内存中的表示

8.1.2 用户访问内存单元的方式

1. 直接访问方式

在系统对变量及地址已经建立了逻辑关系的前提下,只需要根据变量名就可以实现对内存单元的访问。例如"int x = 5;",要想使用 5 这个数,直接引用 x 即可。

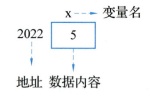

图 8-5 指针的简化表示

2. 间接访问方式

使用内存单元地址来存取数据会大大提高程序的运行效率,C 语言因此还诞生了专门存放内存地址的变量——指针变量。通过指针变量,用户就可以使用 C 语言提供的另一种访问变量的方式,即间接访问方式。如图 8-6 所示,把变量 x 在内存中的地址值 2022 存放到另一个新变量 p 中,当前 p 的值为 2022,那么通过变量 p 就可以找到变量 x 的地址,从而找到 x 内的变量值。因为变量 p 存放的是变量 x 的地址值,所以变量 p 就是一个指针变量。如图 8-7 所示,将 p 存放 x 地址的行为称为"指针变量 p 指向变量 x"。此时,通过 *p 可以获取 x 的变量值 5,实现对数据的间接访问。

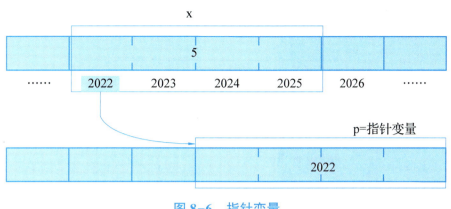

图 8-6　指针变量

8.1.3　指针运算符

"＊"是指针运算符，又称为"间接访问运算符"。当指针变量 p 指向变量 x 时，＊p 代表的就是指针变量 p 所指向的变量，即 ＊p 和 x 是等价的，此时若想将 x 的值设为 80，除执行"x＝80"外，也可以通过"＊p＝80"来实现。

图 8-7　指针变量 p 指向变量 x

在项目二已经介绍过"&"取地址运算符，它也是一种指针运算符，指针变量 p 指向变量 x 的操作就是通过语句"p＝&x"实现的，它表示取变量 x 的地址赋给指针变量 p。

图 8-8 所示为当前情况下这两种指针运算符的使用方法。需要注意的是，当只提到"指针运算符"时，一般特指"＊"。

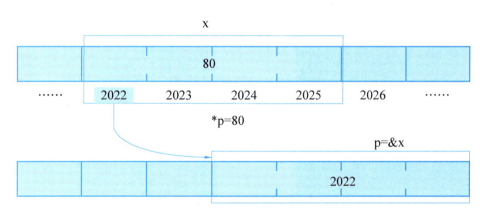

图 8-8　指针运算符的使用方法

必须熟练掌握"＊"和"&"这两个运算符，它们的优先级相同，都为单目运算符，具有右结合性。其中"&"的操作对象允许是一般变量，如 &a、&b 等，而"＊"的操作对象只能是指针变量或地址型表达式。

8.1.4　指针变量的注意事项

（1）由于指针变量只能存放地址值，所以不同类型的指针变量所占用的内存空间相同。

（2）不能直接将某个整数直接赋给指针变量。如图 8-9 所示，将指针变量 p 定义为整型，尝试直接用 2022 进行赋值，系统会在编译时给出错误提示。将其改成"p =（int *）2022，"*p 的结果就能正确输出了。

```
int main()
{
    int *p;
    p=2022;
    printf("指针变量p的值为: %d",p);
    return 0;
}
[Error] invalid conversion from 'int' to 'int*' [-fpermissive]
```

图 8-9　不能将整数直接赋给指针变量

（3）不能将指针指向常量，如"p =&2022"也是错误的，系统会编译报错，提示不能用"&"符号处理常量。

【二维码 8-1-1】

小试牛刀

根据图 8-10，回答以下小问题。

（1）指针变量 p 如何指向变量 a？

（2）*p 的值为多少？

（3）若想更改变量 a 的值为 12.34，可以执行什么语句？

图 8-10　"小试牛刀"图示

任务实施

根据校运会 800 米项目前三名运动员的名次，现将张三定义为变量 a，李四定义为变量 b，王五定义为变量 c，将通过指针的方法，使用"*"间接访问运算符，分别将名次的序号 1、2、3 存入对应变量。请将以下程序补充完整，并上机编译，查看运行结果是否符合运动员实际名次。

【二维码 8-1-2】

```
#include <stdio.h>
main()
{
    int a,b,c;
    int *p1,*p2,*p3;              //定义三个指针变量
    p1 = &a,*p1 =1;              //p1 指向变量a,通过指针将名次"1"存入变量a
    _____             //p2 指向变量b,通过指针将名次"2"存入变量b
    _____             //p3 指向变量c,通过指针将名次"3"存入变量c
    printf("张三是第%d 名,李四是第%d 名,王五是第%d 名",a,b,c);
}
```

任务总结

（1）记录易错点。

_____

_____

（2）通过完成以上任务，你有哪些心得体会？

_____

_____

任务拓展

已知指针变量 p 指向变量 x，即"p=&x；"，那么 & *p 和 * &x 分别等于什么？请推导出 " * "和"&"之间的关系，并将结果填入源代码，然后上机验证。

（1）请你写出针对上述问题的程序设计思路。

_____

_____

_____

【二维码 8-1-3】

（2）源代码的设计如下。

```
#include <stdio.h>
main()
{
    int x=5,*p;
    _____            //定义指针变量 p 指向变量 x
    printf("%d,%d\n",&*p,_____);    //&*p 推导后的值
    printf("%d,%d",* &x,_____);     //* &x 推导后的值
}
```

【二维码 8-1-4】

任务二
个人赛成绩的比较——指向简单变量的指针

任务描述

同学们还记得如何完成程序"输入 a 和 b 两个整数并按由大到小的顺序输出 a 和 b 的值"吗？通过对选择结构的学习，可以使用 if 语句比较 a 和 b 的大小，若 a<b，则通过中间变量 t 交换 a 和 b 的值后执行输出。这样的结果虽然满足了输出要求，但是 a 和 b 的最终值与它们的初始状态截然不同。是否可以使用指针变量来避免出现这种情况呢？

在不改变变量数据的前提下，指针能够动态地获取不同地址的值，这能有效防止计算机的运行变慢。

任务分析

掌握定义指针变量的形式，能够对指针变量进行引用和初始化。请同学们根据分析，搜集相关资料，思考以下问题。

(1)定义指针变量和定义普通变量的方法相同吗？简述相同点和不同点。

_____

_____

(2)在程序中使用指针变量有哪些好处？

_____

_____

任务分组

按照 5 人一组，将班级学生进行分组，分别代表组长、任务汇报员、信息资料整理员、代码汇错员、程序操作员。要求分工明确，轮流安排组长，给每个人提供组织协调的平台，注意培养学生的团队合作能力。学生任务分组表见表 8-2。

表 8-2　学生任务分组表

班级		组号		任务	
组员	学号	角色分配		工作内容	

 任务准备

8.2　指针变量

8.2.1　指针变量的定义

指针变量的本质是存放另一变量地址的变量，因此和其他变量一样，指针变量也必须先定义后使用。定义指针变量的基本形式如下。

```
基类型　＊指针变量名；
```

指针变量是由基本数据类型（int、char、float 等）派生出来的，它不能离开基本数据类型而独立存在。在定义中，基类型的作用就是指定该指针变量可以指向的变量的类型；"＊"表示该变量为指针变量，它是将变量定义为指针变量的标志和关键；实际的指针变量命名遵循标识符命名规则，在大部分程序中，优先使用 p 作为指针变量名。

在语句"int *p;"中，"int ＊"表示指向整型变量的指针类型，p 为指针变量名，即 p 是指向整型变量的指针变量。

注意，当定义多个同类型的指针变量时，有几个指针变量名就要有几个对应的"＊"。例如，在"int *p1，p2;"这条定义语句中，只有 p1 是指针变量，p2 是整型变量，要想让 p2 也是指针变量，需要在 p2 前也加上"＊"，即"int *p1，*p2;"。

小试牛刀

```
char * s;      //表示____是指向_____型变量的指针变量
float * t;     //表示____是指向_____型变量的指针变量
```

【二维码 8-2-1】

8.2.2　指针变量的初始化和引用

指针变量在初始化后才可以使用，未初始化的指针变量在系统中指向的位置是不确定

的、随机的，很可能指向一个非法地址，此时系统会报错。在以下语句中，指针变量 p 未初
始化(即没有指向某个地址)，*p 就会非法访问内存空间，在这种情况下 p 被称为"野指
针"。

```
int *p; *p=10;
```

例 8-1 指针变量的定义和初始化。程序如下。

```
#include <stdio.h>
main()
{
    int x1=16,*p1;
    float x2=22.43,*p2;
    p1=&x1;                                    //p1 指向变量 x1
    p2=&x2;                                    //p2 指向变量 x2
    printf("x1=%d,*p1=%d \n",x1,*p1);          //输出变量 x1 和指针变量 p1 所指向的变量
的值
    printf("x2=%f,*p2=%f",x2,*p2);
}
```

程序运行结果如图 8-11 所示，程序中变量与指针变量之间的关系可用图 8-12 表示。

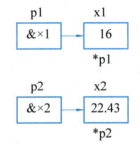

```
x1=16, *p1=16
x2=22.430000, *p2=22.430000
```

图 8-11　例 8-1 程序运行结果　　　　图 8-12　例 8-1 程序中变量与指针变量之间的关系

由于指针变量存放的是某变量的地址，所以使用"&"取地址运算符获取变量 x1 和 x2 的
地址后，通过赋值语句使 p1 指向 x1，使 p2 指向 x2，有了具体的地址指向，指针变量就完
成了初始化。

当指针变量与变量形成指向关系后，就可以用指针变量来访问变量了。"*指针变量
名"表示指针变量所指向的变量中的数据。当前，*p1 和 *p2 分别表示的就是变量 x1 和 x2
的值。

注意，只有定义为相同数据类型的变量和指针变量才能形成指向关系，在当前定义下，
"p2=&x1;"是错误的。

另外，相同类型的指针变量之间可以互相赋值。如果执行"int *p3;"定义 p3 也是指向
整型数据的指针变量，那么"p3=p1;"为合法语句，即把 p1 存放的地址值赋给 p3，现在 p3

也指向了变量 x1。

小试牛刀

（1）根据图 8-13，完成所有变量的定义和初始化。

_____

_____

（2）在例 8-1 程序中添加下面两行语句。

```
* p1=30;
printf("\n 现在 x1=%d,* p1=%d\n",x1,* p1);
```

执行程序后输出结果为_____，可得出结论：

_____。

图 8-13　"小试牛刀"图示

任务实施

通过小组讨论，用指针的方法将两个运动员的成绩按由大到小顺序输出。要求能够画出变量与指针变量的关系图，将以下程序中的代码和注释补充完整，并上机编译。

```c
#include <stdio.h>
main()
{
    int a,b;
    int _____;              //定义指针变量
    printf("请输入两个运动员的成绩:");
    scanf("%d  %d",&a,&b);          //输入两个整数
    p1=&a;                          //_____
    p2=&b;                          //_____
    if(a<b)

    _____                   //如果 a 的值小于 b,则指针变量 p1 和 p2 的
值互换
    printf("a=%d,b=%d\n",a,b);      //输出 a 和 b 的当前值
    printf("max=%d,min=%d\n",_____);  //输出最大和最小值
}
```

任务总结

（1）记录易错点。

_____

_____

（2）通过完成以上任务，你有哪些心得体会？

_____

_____

🖥 任务拓展

使用指针的方法编写程序，要求从键盘输入 3 个运动员的成绩 x、y、z，设指针变量 p1 指向三个数中的最大值，p2 指向次大值，p3 指向最小值，将它们按由小到大的顺序输出。上机编译并调试程序，并查看程序运行结果。

（1）请你写出针对上述问题的程序设计思路。

_____

_____

_____

_____

（2）源代码的设计如下。

_____

_____

_____

_____

【二维码 8-2-4】

_____

_____

_____

任务三

团体赛成绩的比较——
指向一维数组的指针变量

🔍 任务描述

2 月 5 日是北京 2022 年冬奥会第一个正式比赛日，在短道速滑混合团体接力决赛（A

组)中，由曲春雨、范可新、武大靖、任子威组成的中国队敢抢敢拼，依靠完美的团队配合和四年磨一剑的厚积薄发，为中国队取得了一个漂亮的开门红，最终以 2 分 37 秒 348 的成绩夺得冠军。这是中国体育代表团在北京冬奥会上获得的第一枚金牌，也是混合团体接力作为新增项目在冬奥会历史上的第一枚金牌。

图 8-14 所示是短道速滑混合团体接力决赛(A 组)前三名代表队的比赛数据，可以使用数组存储该项目的全部比赛用时(即成绩)。定义一维数组 a[3]，将获金/银/铜牌三个代表队的比赛成绩依次存入 a[0]~a[2]。若使用数组下标法输出当前一维数组中的数据，其程序和运行结果如图 8-15 所示。

在 C 语言中，指针变量与数组访问内存的方式几乎完全相同，数组中的每个元素在内存中都有相应的地址，它们是相同大小的内存单元，指针变量也是通过地址来访问内存中的具体内容，因此任何可以通过数组下标完成的操作，都可以用指针变量完成。

指针变量不仅可以指向普通变量，也可以指向数组元素。本任务就是使用指针法输出一维数组中中国代表队奖牌数。

排名	出场顺序	国家/地区	姓名/代表队	成绩
1	4	中国	曲春雨 范可新 武大靖 任子威	2:37.348
2	2	意大利	芳塔娜 瓦尔切皮纳 西格尔 卡西内利	2:37.364
3	3	匈牙利	雅萨帕蒂 科尼亚 刘少昂 刘少林	2:40.900

图 8-14　短道速滑混合团体接力决赛(A 组)前三名代表队的比赛数据

```
#include <stdio.h>
main()  //数组下标法
{
    float a[3]={2.37348,2.37364,2.40900};
    int i;
    printf("短道速滑混合团体接力决赛（A组）前三名的成绩分别为：\n");
    for(i=0;i<3;i++)
        printf("%.5f  ",a[i]);
}
```

```
短道速滑混合团体接力决赛（A组）前三名的成绩分别为:
2.37348   2.37364   2.40900
```

图 8-15　使用数组下标法输出比赛成绩的程序及运行结果

任务分析

了解指针变量与一维数组的关系，掌握指向一维数组的指针变量的定义和使用方法，能够熟练使用指针变量访问一维数组元素。请同学们根据分析，搜集相关资料，思考以下问题。

（1）指针变量如何指向一维数组中的元素？画出示意图。

_____

_____

（2）若想访问 a[3]数组中的所有元素，需要定义几个指针变量？简述原因。

_____

_____

（3）与数组下标法相比，使用指针法访问数组有哪些优点？

_____

_____

 任务分组

按照 5 人一组，将班级学生进行分组，分别代表组长、任务汇报员、信息资料整理员、代码汇错员、程序操作员。要求分工明确，轮流安排组长，给每个人提供组织协调的平台，注意培养学生的团队合作能力。学生任务分组表见表 8-3。

表 8-3 学生任务分组表

班级		组号		任务
组员	学号	角色分配		工作内容

任务准备

8.3 数组指针

8.3.1 数组指针的定义和初始化

数组元素的指针本质上就是数组元素的地址。数组中的元素在内存中连续占用相同大小的内存单元，把数组的起始地址或其中某个元素的地址存到指针变量中，就能成功定义指向数组的指针变量。

以一维数组 a[5] 为例，它在内存中的地址就是 &a[0]~&a[4]，执行以下语句即可定义一个指向整型数组的指针变量 p，和普通变量一样，数组的数据类型决定了指针变量的基类型，当前数组为 int 型，因此指针变量也为 int 型。

```
int a[5],* p;
```

注意，指向数组的指针变量不能写成"int * p[5]"，否则就变成定义一个指针数组，其内包含 5 个元素 p[0]~p[4]，它们均可指向整型变量。

通过"p=&a[i];"语句（i 为数组下标），即可实现指针变量指向数组元素对应的具体地址。由于数组名不代表整个数组内容，仅表示数组首地址，所以指针变量指向数组首地址时既可以写作"p=&a[0];"，也可以直接写作"p=a;"。注意，未初始化的指针变量指向的对象不定，因此指针变量必须指向已经定义的数组，才能通过指针变量访问数组元素。

输出" * p"的值即可输出当前指针变量所指向的数组地址中的数据。

例 8-2 指向一维数组的指针变量。程序如下。

```
#include <stdio.h>
main()
{
    int a[5]={2,4,6,8,10};         //定义 a 为包含 5 个整型数据的一维数组
    int * p;                        //定义 p 为指向整型变量的指针变量
    p=&a[0];                        //把 a[0] 元素的地址赋给指针变量 p
    printf("%d",* p);               //输出指针变量 p 所指向的数组元素的内容
    printf("\n");
    p=&a[3];                        //把 a[3] 元素的地址赋给指针变量 p
    printf("%d",* p);               //输出指针变量 p 所指向的数组元素的内容
}
```

图 8-16 所示为指针变量 p 与一维数组 a[4] 的关系，程序运行结果如图 8-17 所示。

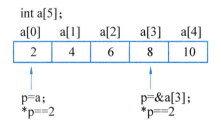

图 8-16 例 8-2 指针变量 p 与一维数组 a[4] 的关系   **图 8-17 例 8-2 程序运行结果**

8.3.2 指针的运算

在 C 语言中，指针变量在已经指向某个数组元素后，可以通过加、减、自增、自减的

算术运算符进行指定位置的改变。如图 8-18 所示,可以使指针变量指向数组中其他元素的地址。

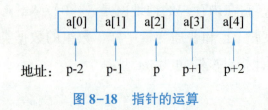

图 8-18　指针的运算

(1)加一个整数(用+或+=),如 p=p+1(等价于 p++或++p),表示指向同一数组中的后一个元素;p+2,表示指向再后面一个元素。

(2)减一个整数(用-或-=),如 p=p-1(等价于 p--或--p),表示指向同一数组中的前一个元素;p-2,表示指向再前一个元素。

执行指针的算术运算时并不是将 p 的值简单地加减,而是需要根据定义的基类型加上一个数组元素所占用的字节数。因为 int 型占用 4 个字节,在当前指针变量 p 指向 int 型数组的前提下,p+1 实际是通过地址值加 4 指向下一个地址,如图 8-19 所示。

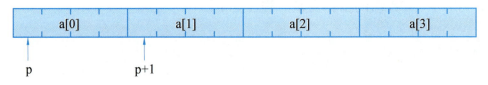

图 8-19　指向整型数组的指针变量自增情况

若存在两个指针相减,如 p1-p2,则其结果是两个地址之差除以数组数据类型的字节数,这只有在 p1 和 p2 指向同一数组中的元素时才有意义。而两个指针相加,如 p1+p2,是无实际意义的。

简单来说,如果 p 指向的初始地址为 a[0],那么 p+1 就指向 a[1],p+i 指向 p 后的第 i 个元素 a[i],换句话说就是指向 a 数组中下标为 i 的元素,如图 8-20 所示。

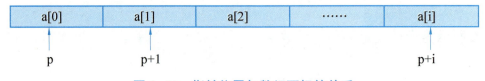

图 8-20　指针位置与数组下标的关系

8.3.3　指针法引用数组元素

指针运算符"*"负责读取指针变量所指向地址中的内容,当前 *p 是 a[0]的内容,那么 *(p+1)就是 a[1]的内容。同理,a[i]的内容可以表示为 *(p+i)或 *(a+i)。

例 8-3 为使用数组下标法和指针法同时输出数组元素,观察输出内容是否存在不同。

例 8-3　使用数组下标法和指针法输出数组元素。程序如下。

```
#include <stdio.h>
main()
{
    int a[5]={2,4,6,8,10},i;
    int *p;
    p=&a[0];                //等价于 p=a;
    for(i=0;i<5;i++)
    printf("%2d,%2d,%2d\n",a[i],*(p+i),*(a+i));
}
```

程序运行结果如图8-21所示。

图8-21　例8-3程序运行结果

可见，在指针变量p指向数组a首地址（即p=a）的前提下，a[i]、*(p+i)、*(a+i)是等价的。

指针变量和数组名是有区别的，指针变量是一个变量，其值可以改变，但是数组名是数组的首地址，属于地址常量，它不能改变，也不能被赋值，即"p++"合法，而"a++"不合法。输出一维数组中的元素可用例8-4的程序实现。

例8-4　输出一维数组中的元素。程序如下。

```
#include <stdio.h>
main()
{
    int a[5]={2,4,6,8,10},i;        //定义a为包含5个整型数据的一维数组
    int *p=a;                        //定义指针变量p指向数组首地址
    for(;p<a+5;p++)
    printf("%d ",*p);
}
```

程序运行结果如图8-22所示。

```
2 4 6 8 10
```

图8-22　例8-4程序运行结果

因为指针具有动态性，所以a[i]和p+i不总是相等，p+i中的i是相对于p的当前位置

而言的。

例 8-5 指针的动态性。程序如下。

```c
#include <stdio.h>
main()
{
    int a[5]={2,4,6,8,10},i;
    int *p;                        //定义 p 为指向整型变量的指针变量
    i=1,p=a+3;                     //指针变量 p 指向 a[3]元素
    printf("%d,%d,%d",a[i],*p,*(p+i));
}
```

图 8-23 所示为当前指针变量与数组的关系。程序运行结果如图 8-24 所示。

int a[5];

a[0]	a[1]	a[2]	a[3]	a[4]
2	4	6	8	10

p=a+3 p+1

图 8-23 当前指针变量与数组的关系

```
4,8,10
```

图 8-24 例 8-5 程序运行结果

小试牛刀

(1)若已定义"int a[9], *p=a;"并在以后的语句中未改变 p 的值,则以下表达式中不能表示 a[1]地址的是(   )。

A. p+1
B. a+1

C. a++
D. ++p

【二维码 8-3-1】

(2)执行下面语句后,输出结果是_____。

```c
int mm[]={12,24,5,36,45,24},*p=mm+3;
printf("%d,%d\n",*(mm+1),*(p+1));
```

任务实施

通过小组讨论,用指针法输出短道速滑混合团体接力决赛(A 组)前三名代表队的比赛成绩。画出数组与指针变量的关系图,将以下程序补充完整并上机编译。程序运行结果如图 8-15 所示。

【二维码 8-3-2】

```c
#include <stdio.h>
main()                            //指针法
{
```

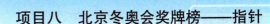

```
float a[3]={2.37348,2.37364,2.40900};
int i;
_____                        //定义指针变量p
_____                        //指针变量p指向数组a
printf("短道速滑混合团体接力决赛(A组)前三名的成绩分别为：\n");
for(;p<=____;____)
printf("%.5f  ",____);
}
```

任务总结

（1）记录易错点。

_____

_____

_____

（2）通过完成以上任务，你有哪些心得体会？

_____

_____

_____

任务拓展

从键盘输入10个整数，要求使用指针法将10个元素逆序输出。当前数组与指针变量的关系可参考图8-25。

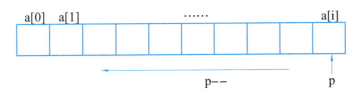

图8-25　使用指针法逆序输出数组元素

（1）请你写出针对上述问题的程序设计思路。

_____

_____

_____

_____

（2）源代码的设计如下。

【二维码 8-3-3】

任务四
奥林匹克格言——指向字符串的指针变量

任务描述

在当今世界，单靠个体已经无法应对出现的挑战。在国际奥委会主席巴赫的提议下，2021 年 7 月 20 日，国际奥委会第 138 次全会正式将"更团结"（together）加入奥林匹克格言。因此，从本届奥运会开始奉行"更快、更高、更强、更团结"（Faster，Higher，Stronger，Together）的宗旨，这是奥林匹克格言在 108 年来首次进行更新。

"Faster，Higher，Stronger，Together"作为字符串，它在 C 语言中不仅可以用字符数组表示，还可以用字符指针进行相应操作。

任务分析

了解指针与字符串的关系，能够使用指针变量处理字符串。请同学们根据分析，搜集相关资料，思考以下问题。

（1）如何用指针变量输出字符串和字符串中的指定字符？

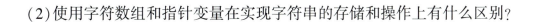

（2）使用字符数组和指针变量在实现字符串的存储和操作上有什么区别？

___

 任务分组

按照5人一组，将班级学生进行分组，分别代表组长、任务汇报员、信息资料整理员、代码汇错员、程序操作员。要求分工明确，轮流安排组长，给每个人提供组织协调的平台，注意培养学生的团队合作能力。学生任务分组表见表8-4。

表8-4 学生任务分组表

班级		组号		任务
组员	学号	角色分配		工作内容

任务准备

8.4 指向字符串的指针变量

与数组的存储类似，字符串常量中的所有字符在内存中连续存放。因此，系统在存储一个字符串常量时会先给定一个起始地址，从该地址指定的内存单元开始连续存放。当前的起始地址就代表字符串常量的首字符的地址，也被称为字符串常量的值。

8.4.1 定义指针变量访问字符串

在 C 语言中，字符串作为一种特殊的 char 型一维数组，它可以把字符串中的字符作为数组中的元素访问，也可以直接利用 char 型指针变量对其访问。

直接指向字符串首地址的指针变量称作字符串指针。利用指针变量访问字符串通常可以采用以下两种方法。

（1）指向字符数组首地址。例如：

```
char str[]="Faster",*p;
p=str;
```

该访问方法与指向一维数组的指针变量一致，数组名 str 作为首地址被赋给指针变量 p，则指针变量 p 就指向字符串"Faster"。

（2）直接指向字符串常量。例如：

```
char *p="Higher";
```

将字符串常量"Higher"所在的无名存储区的起始地址赋给指针变量 p，这样指针变量 p 就指向字符串常量"Higher"。该操作并不代表字符串中的所有内容都赋给了指针变量 p，实际上 p 每次只能指向一个字符。

以上两种方法在内存中的执行示意如图 8-26 所示。

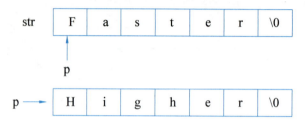

图 8-26　字符串指针访问字符串常量的两种方法在内存中的执行示意

小试牛刀

判断下面对字符串赋值的语句是否正确，并写明原因。

（1）char s[6] = {'w', 'e', 'l', 'c', 'o', 'm'};

_____

（2）char s[5] = "China!";

_____

（3）char *s; s = "China";

_____

（4）char s[5]; s = "China";

_____

8.4.2　字符数组和字符串指针的区别

如果要改变字符数组所代表的字符串，只能改变数组元素的内容；但如果要改变字符指针所代表的字符串，通常直接改变它的值，从而指向新的字符串数据。

例 8-6　观察字符数组内容改变后，数组首地址是否发生改变。程序如下。

```
#include <stdio.h>
#include <string.h>
main()
{
```

```
char str[]="Faster";
char *p="Higher";
printf("\n初始状态下,字符串的地址值为:%x,%x\n\n",str,p);
strcpy(str,"Stronger");          //将str数组内容替换为字符串"Stronger"
p="Together";                    //将指针变量p指向字符串"Together"
printf("内容变化后,字符串的地址值为:%x,%x\n",str,p);
}
```

程序运行结果如图8-27所示。

通过程序运行结果可以看出，即使内容改变，字符数组的首地址也不会发生变化。数组名作为地址常量不能被修改和赋值，例如"str="Stronger""是错误的，而字符串指针可以通过改变值，灵活地调整要表示的字符串。因此，字符数组与字符串指针的区别归根到底是数组和指针变量的区别。

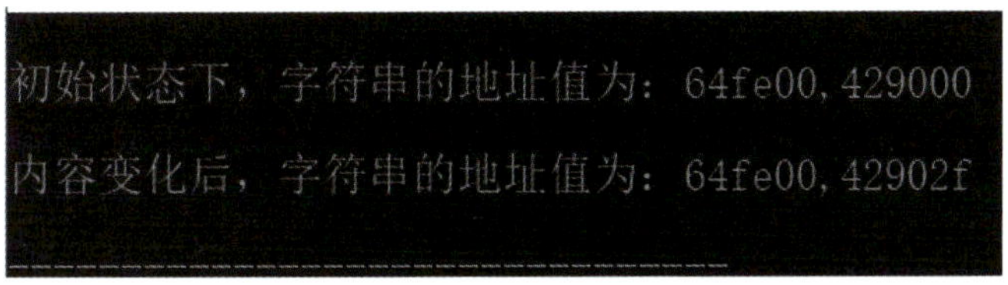

```
初始状态下，字符串的地址值为：64fe00,429000
内容变化后，字符串的地址值为：64fe00,42902f
```

图8-27 例8-6程序运行结果

8.4.3 使用指针法输出字符串

可以通过printf()函数的%s格式对字符串进行整体输出。

注意输出字符和输出字符串的区别。当使用指针法时，p、p+1等表示字符串，该字符串从指针所指字符开始直至字符串结束标志'\0'结束；而*p、*(p+1)等表示单个字符，即指针变量所指的字符或位于该下标的字符元素，输出时可使用printf()函数的%c格式。

例8-7 编写程序，输出图8-28所示图形。

```
* * * * *
* * * *
* * *
* *
*
```

图8-28 例8-7图示

(1)用指向字符数组的指针变量实现。程序如下。

```
char str[]="* * * * * ",*p=str;
for(;p<str+5;p++)
printf("%s\n",p);
```

(2)用指向字符串常量的指针变量实现。程序如下。

```
char * p="* * * * *";
for(;*p! ='\0';p++)
printf("%s \n",p);
```

小试牛刀

阅读并分析下面的语句，执行结果是：_____。

```
char * p="Higher";
printf("%s,%c,%s,%c",p,* (p+1),p+2,* (p+3));
```

【二维码 8-4-2】

任务实施

通过小组讨论，使用字符串指针输出奥林匹克格言。将以下程序补充完整并上机编译。

【二维码 8-4-3】

```
#include <stdio. h>
main()
{
    char str[]="Faster,Higher,Stronger,Together",* p=str;
    char _____;          //定义字符串指针q并赋值
    printf("%c,",_____);                     //使用指针变量p
    printf("%c,",* (p+7);
    printf("%c,",_____);                     //使用指针变量q
    printf("%c \n \n",_____);                //使用指针变量q
    printf("_____ \n",q);
    _____
    _____
    for(p=str+23;_____;p++)
    printf("%c",_____);
}
```

程序运行结果如图 8-29 所示。

```
F, H, S, T
Faster, Higher, Stronger, Together
Higher, Stronger, Together
Stronger, Together
Together
```

图 8-29　程序运行结果

任务总结

(1)记录易错点。

_____

_____

(2)通过完成以上任务,你有哪些心得体会?

_____

_____

任务拓展

编写程序,使用字符串指针实现图 8-30 所示的图形输出效果。

```
    *
    * *
    * * *
    * * * *
    * * * * *
```

图 8-30　任务拓展图示

(1)请你写出针对上述问题的程序设计思路。

_____

_____

_____

_____

(2)源代码的设计如下。

_____

_____

_____

_____

【二维码 8-4-4】

_____

_____

_____

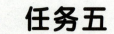

任务五

冬奥会奖牌数量分布——
指向二维数组的指针变量

任务描述

由于奖牌数量为整型数据，所以奖牌榜展示的获奖情况可以看作一个整体。定义数组 "int a[4][3];" 可以表示图 8-31 所示四个国家的金/银/铜牌数量。指针变量既然可以指向一维数组中的元素，就可以指向二维数组中的元素，但是在指向地址及使用方法上相对复杂。

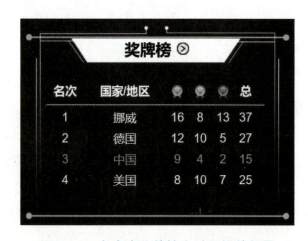

图 8-31　冬奥会奖牌榜金/银/铜牌数量

任务分析

了解指针和二维数组的关系，掌握指针变量访问二维数组的方法，能够使用指针变量表示二维数组元素。请同学们根据分析，搜集相关资料，思考以下问题。

(1)指针可以通过哪些方式指向二维数组的首地址？

（2）以图 8-31 为例，若指针已经指向数据 12 的位置，它如何移动才能指向数据 4 的位置？

_____

_____

 任务分组

按照 5 人一组，将班级学生进行分组，分别代表组长、任务汇报员、信息资料整理员、代码汇错员、程序操作员。要求分工明确，轮流安排组长，给每个人提供组织协调的平台，注意培养学生的团队合作能力。学生任务分组表见表 8-5。

表 8-5 学生任务分组表

班级		组号		任务	
组员	学号	角色分配		工作内容	

任务准备

8.5 指向二维数组的指针变量

8.5.1 二维数组元素的地址

在 C 语言中，二维数组的数据在内存中是按照行优先的方式以一维数组的形式存储的。因此，在定义二维数组时行数和列数用两个方括号分开，如"int a[4][3];"，目的是把二维数组当作一种特殊的一维数组，其中的元素也是一维数组。

如图 8-32 所示，a 是当前二维数组名，它也代表二维数组的首地址，即 &a[0][0]。当前二维数组被理解为由 4 个一维数组组成，a[0]~a[3] 代表这 4 个一维数组的数组名及首地址。因此，a+1 表示 a[1] 行的首地址，a+2 表示 a[2] 行的首地址。

int a[4][3];

a → a[0]	a[0][0]	a[0][1]	a[0][2]
a+1 → a[1]	a[1][0]	a[1][1]	a[1][2]
a+2 → a[2]	a[2][0]	a[2][1]	a[2][2]
a+3 → a[3]	a[3][0]	a[3][1]	a[3][2]

图 8-32   二维数组元素的地址

可见，a+i 等价于第 i+1 行的首地址 a[i]，也就是 &a[i][0]。

8.5.2   指向二维数组的指针变量

在二维数组中，指针变量可以通过语句"p=&a[i][j];"直接指向数组中的某元素地址，但在大多情况下，都是先定义指针变量指向某一行的首地址，再以调整指针增量或减量的方式指向其他具体元素的地址。

注意，在定义指针变量时，不要直接为二维数组名赋值，这个指针变量是指向元素 a[0] 的，但实际上，a[0] 不是一个具体的元素，而是元素 a[0][0] 的地址，因此只有把数组名赋给行指针或者二级指针才能指向一个具体的元素。

为了方便理解，可以执行以下语句，直接将第 0 行的数组名赋给指针变量，从而实现指针变量指向二维数组的首地址。

```
int *p=a[0];
```

例 8-8   用指针法输出二维数组中的元素。程序如下。

```
#include <stdio.h>
main()
{
    int a[4][3]={1,2,3,4,5,6,7,8,9,10,11,12};
    int *p,*q;                    //定义指针变量p和q
    p=&a[1][2];                   //指针变量p直接指向元素地址
    printf("%d\n",*p);            //输出当前指针变量对应元素的内容，即a[1][2]
    q=a[2];                       //指针变量q指向第2行首地址
    printf("%d\n",*q);            //输出当前指针变量对应元素的内容，即a[2][0]
    printf("%d\n",*(q+1));        //输出当前指针变量向后移动1个字节的内容，即a[2][1]
    printf("%d\n",*(q+4));        //输出当前指针变量向后移动4个字节的内容，即a[3][1]
}
```

以上程序中指针变量与二维数组的关系如图 8-33 所示，程序运行结果如图 8-34 所示。当前程序中执行"q=a[2];"语句使指针变量 q 指向第 2 行首地址，它等价于"q=&a[2][0];"。由于二维数组只有在概念上是二维的，实际在内存中所有数组元素都是连续排列的，它们之间没有"缝隙"，所以 q+4 指向 a[3][1] 的地址，*(q+4) 对应的数据值为 11。

a[0][0]	a[0][1]	a[0][2]
1	2	3
a[1][0]	a[1][1]	p → a[1][2]
4	5	*p → 6
q → a[2][0]	a[2][1]	a[2][2]
*q → 7	*(q+1) → 8	*(q+2) → 9
a[3][0]	a[3][1]	a[3][2]
*(q+3) → 10	*(q+4) → 11	12

图 8-33　例 8-8 程序中指针变量与二维数组的关系

图 8-34　例 8-8 程序运行结果

8.5.3　指针变量与数组首地址的关系

要注意区分 a+1 和 p+1（即数组名和指针变量的指向调整），二者是不一样的。如图 8-35 所示，a+1 是以行长度进行增量，也就是向下移动；p+1 是以列长度进行增量，也就是向右移动。

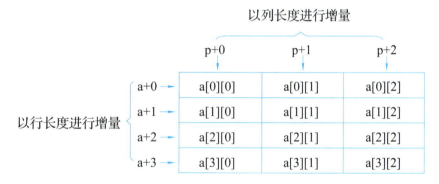

图 8-35　区分数组名和指针变量的指向调整

例 8-9　指针变量与数组首地址的关系。程序如下。

```
#include <stdio.h>
#define fa "%x, %x, %x \n"
main()
{
    int a[4][3]={1, 2, 3, 4, 5, 6, 7, 8, 9, 10, 11, 12};
    int * p=a[0];
    printf (fa, a, a+0, a[0]);      //3 个输出项均为数组第 0 行的首地址
    printf (fa, a+1, a[1], * a[1]); //前 2 个输出项均为数组第 1 行的首地址
                                    //第 3 个输出项为数组第 1 行的第 0 个元素的值
    printf (fa, p, * p, * (p+1));
}
```

程序运行结果和二维数组与指针变量的关系分别如图 8-36 和图 8-37 所示。

```
64fde0, 64fde0, 64fde0
64fdec, 64fdec, 4
64fde0, 1, 2
```

图 8-36　例 8-9 程序运行结果

p→ a、a+0、a[0]→ &a[0][0]	&a[0][1]	&a[0][2]
p→ 1	*(p+1)→ 2	3
a+1、a[1]→ &a[1][0]	&a[1][1]	&a[1][2]
*a[1]→ 4	5	6
&a[2][0]	&a[2][1]	&a[2][2]
7	8	9
&a[3][0]	&a[3][1]	&a[3][2]
10	11	12

图 8-37　例 8-9 程序中二维数组与指针变量的关系

通过程序运行结果可以看出，a+1 和 a[1] 的输出结果均为 a[1][0] 的地址值，*a[1]
表示 a[1] 行首地址中的内容，输出结果为 4。

与 *a[1] 不同的是，*(a+1) 表示的也是 a[1][0] 的地址值，而不是 a[1][0] 的内容。
在例 8-9 程序中添加以下语句。

```
printf (fa, a+1, a[1], *a[1]);
printf (fa, a+1, a[1], *(a+1));
printf (fa, a+1, *(a+1), **(a+1));
```

程序添加语句后的运行结果如图 8-38 所示。

```
64fdec, 64fdec, 4
64fdec, 64fdec, 64fdec
64fdec, 64fdec, 4
```

图 8-38　例 8-9 程序添加语句后的运行结果

注意，*(a+1) 和 a+1 只是输出的地址值相同，它们本质上的区别在于：a+1 指的是第
1 行的首地址值，而 *(a+1) 表示的是第 1 行第 0 个元素的地址值，此时要获取第 1 行第 0 个
元素的内容，可以通过 **(a+1) 实现。为了不影响对"*"的使用，一般不建议使用 *(a+1)
获取地址。

小试牛刀

```
int a[3][3]={1,7,9,11,17,19,21,23,37};
int i,j,k=0;
for(i=0;i<3;i++)
for(j=0;j<2;j++)
k=k+*(*(a+i)+j);
printf("k=%d\n",k);
```

[二维码 8-5-1]

上述程序运行结果为：_____。

任务实施

基于任务描述中图 8-31 所示冬奥会奖牌榜的奖牌数量，通过小组讨论，使用指针法完成二维数组 a[4][3] 的输入和输出。参考图 8-39 所示的程序算法，将以下程序补充完整并上机编译。

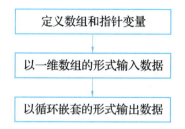

【二维码 8-5-2】

图 8-39　输出冬奥会奖牌榜的奖牌数量的程序算法

```c
#include <stdio.h>
#define M 4
#define N 3
#define Len M*N
main()
{
    int a[M][N],i;
    int _____;                       //定义指针变量并指向数组首地址
    printf("输入奖牌榜上各国家的奖牌数目:");
    for(;p<_____;p++)                 //以一维数组的形式输入数据
    scanf("%d",_____);
    printf("\n输出各国家金银铜牌的数目:\n");
    for(i=0;i<_____;i++)              //执行行循环
    {
        p=_____;                      //指针变量指向第i行的首地址
        for(;p<_____;p++)             //执行列循环
        printf("%d ",_____);
        printf("\n");
    }
}
```

任务总结

（1）记录易错点。

(2)通过完成以上任务，你有哪些心得体会？

_____

_____

 任务拓展

编写程序，通过指针变量输出图 8-40 所示的九九乘法表。

```
1*1=1
2*1=2    2*2=4
3*1=3    3*2=6    3*3=9
4*1=4    4*2=8    4*3=12   4*4=16
5*1=5    5*2=10   5*3=15   5*4=20   5*5=25
6*1=6    6*2=12   6*3=18   6*4=24   6*5=30   6*6=36
7*1=7    7*2=14   7*3=21   7*4=28   7*5=35   7*6=42   7*7=49
8*1=8    8*2=16   8*3=24   8*4=32   8*5=40   8*6=48   8*7=56   8*8=64
9*1=9    9*2=18   9*3=27   9*4=36   9*5=45   9*6=54   9*7=63   9*8=72   9*9=81
```

图 8-40 九九乘法表

(1)请你写出针对上述问题的程序设计思路。

_____

_____

_____

(2)源代码的设计如下。

_____

_____

_____

_____

【二维码 8-5-3】

_____

_____

_____

_____

任务六

冬奥会各国奖牌总榜情况——指向结构体的指针变量

任务描述

能够在疫情全球肆虐的情况下，向世界呈现一届简约、安全、精彩的冬奥会，不仅显示了我国社会持续进步、经济稳步发展的自信，也验证了我国国力的突飞猛进和国际地位的今非昔比。

在任务五中使用指向二维数组的指针变量成功输出了冬奥会奖牌榜中各个国家的奖牌数量，但是由于"国家/地区"一列的内容属于字符串，与当前的二维整型数组不属于同一数据类型，所以如果想要完全呈现图 8-31 所示奖牌榜的样子，就要使用结构体数组。C 语言可以定义指向结构体的指针变量来引用并输出结构体数组中的内容。

任务分析

了解指针与结构体的关系，掌握结构体指针的用法，能够使用指针处理结构体变量和结构体数组的数据项。请同学们根据分析，搜集相关资料，思考以下问题。

（1）在指向结构体变量和结构体数组时，指针变量指向的地址分别是什么？

_____

_____

（2）指针变量从结构体数组获取内容的方法与普通数组相同吗？

_____

_____

任务分组

按照 5 人一组，将班级学生进行分组，分别代表组长、任务汇报员、信息资料整理员、代码汇错员、程序操作员。要求分工明确，轮流安排组长，给每个人提供组织协调的平台，注意培养学生的团队合作能力。学生任务分组表见表 8-6。

表 8-6　学生任务分组表

班级		组号		任务	
组员	学号	角色分配		工作内容	

 **任务准备**

8.6　指向结构体的指针变量

8.6.1　定义结构体指针

若指针变量指向结构体类型的数据，该指针变量就称为结构体指针。C 语言中定义结构体指针的一般形式如下。

```
结构体类型 *指针变量名;  //即 struct 结构体名 * 指针变量名;
```

一个变量的指针是该变量所占用内存单元的起始地址，指向结构体的指针变量的值就是结构体变量所占用内存单元的起始地址。结构体变量名在任何表达式中都表示整个集合，因此要取得结构体变量的地址，必须在前面加"&"。现在已定义结构体类型和结构体变量如下。

```
struct student{
    char name[8];
    int grade;
} stu1={"冬冬",217};
```

那么给指针变量 p 赋值只能写作"struct student *p = &stu1;"。

也可以在定义结构体变量的同时定义结构体指针。如下所示

```
struct student{
    char name[8];
    int grade;
} stu1={"冬冬",217},*p=&stu1;
```

8.6.2　获取结构体成员

与结构体变量的引用一样，结构体指针可以通过句点运算符(.)访问结构体变量的各个成员，一般形式如下。

```
(*指针变量名).成员名
```

例如 *p 表示指针变量 p 指向的结构体变量，(*p).grade 表示指针变量 p 当前指向的结构体变量中的成员 grade，对应的结果为 217。特别强调，句点运算符(.)的优先级高于指针运算符(*)，因此(*p)两边的括号坚决不能少。

为了使用更加直观，C 语言还专门提供了指向结构体变量的运算符"->"，习惯称它为"箭头运算符"。它实质上是由一个减号和一个大于号组成，其优先级与句点运算符(.)相同，它的作用是通过结构体指针直接取得结构体成员，这也是"->"在 C 语言中的唯一用途。有了它，指针变量 p 指向结构体成员 grade 也可以写作 p->grade。

也就是说，以下三种获取结构体成员的方法是等价的

(1)结构体变量.成员名，如 student.grade。

(2)(*p).成员名，如(*p).grade。

(3)p->成员名，如 p->grade。

例 8-10　使用不同方法获取结构体成员。程序如下。

```c
#include <stdio.h>
struct student{
    char name[8];
    int grade;
};
main()
{
    struct student stu1={"冬冬",217},* p=&stu1;
    printf("方法一 \n 学生姓名:%s,成绩:%d \n",stu1.name,stu1.grade);
    printf("方法二 \n 学生姓名:%s,成绩:%d \n",(* p).name,(* p).grade);
    printf("方法三 \n 学生姓名:%s,成绩:%d",p->name,p->grade);
}
```

程序运行结果如图 8-41 所示。

```
方法一
学生姓名：冬冬,成绩：217
方法二
学生姓名：冬冬,成绩：217
方法三
学生姓名：冬冬,成绩：217
```

图 8-41　例 8-10 程序运行结果

8.6.3　指向结构体数组的指针

结构体数组中的每个元素都是一个结构体变量，当定义结构体指针指向结构体数组时，该指针变量的值是所指向的结构体元素的首地址。

例如

```
struct student stu[3]={{"冬冬",217},{"芳芳",129},{"慧慧",232}};
struct student *p=stu;
```

执行上述语句，把结构体数组 stu[3] 的数组名赋给指针变量 p，意味着将结构体数组第 1 个元素的地址，即第 1 个结构体变量 stu[0] 的地址，也就是 stu[0] 中第一个成员 name 的地址赋给结构体指针，从而使指针变量成功地指向结构体数组。指针变量与结构体数组的关系如图 8-42 所示。

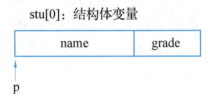

图 8-42　指针变量与结构体数组的关系

当前，p+1 指向 stu[1] 元素，p+i 则指向 stu[i] 元素，这与普通数组的情况一致。因此，结构体指针指向结构体数组也是通过以下两种方法。

```
p=stu;                  //赋值数组首地址
p=&stu[i];              //赋值 i 号元素首地址
```

一个结构体指针虽然可以用来访问结构体变量或结构体数组元素，但是不能使它直接指向某个成员，即不允许将具体成员的地址赋给结构体指针。例如"p=&stu[0].name;"的赋值方式就是错误的。

例 8-11　指向结构体数组的指针变量。程序如下。

```
#include <stdio.h>
typedef struct student{
    char name[8];
    int grade;
} STUDENT;              //定义结构体类型,并重命名
main()
{
    STUDENT stu[3]={{"冬冬",217},{"芳芳",129},{"慧慧",232}}, *p=stu;
                        //定义结构体数组和指针,并初始化
    printf("学生姓名:%s,成绩:%d\n",p->name,p->grade);
    printf("学生姓名:%s,成绩:%d\n",(p+1)->name,(p+1)->grade);
    printf("学生姓名:%s,成绩:%d",(* (p+2)).name,(* (p+2)).grade);
}
```

程序运行结果如图 8-43 所示。

学生姓名：冬冬，成绩：217
学生姓名：芳芳，成绩：129
学生姓名：慧慧，成绩：232

图 8-43　例 8-11 程序运行结果

小试牛刀

将例 8-11 程序中的指针变量 p 指向 stu[1] 的位置，请完成以下任务。

(1) 写出指针初始化的语句。

【二维码 8-6-1】

(2) 更改输出语句，使程序运行结果仍然与图 8-43 保持一致。

任务实施

通过小组讨论，使用指向结构体数组的指针变量，输出图 8-31 所示的冬奥会奖牌榜排名情况。要求将以下程序补充完整，使用两种不同的运算符获取结构体成员的内容，上机编译程序，查看程序运行效果。

【二维码 8-6-2】

```c
#include <stdio.h>
_____ struct country
{
    char number[3],country[10];
    int jp,yp,tp,sum;              //金牌、银牌、铜牌及奖牌总和
}_____;
COUNTRY con[5]={{"1","挪威",16,8,13,37},
    {"2","德国",12,10,5,27},
    _____
    {"4","美国",8,10,7,25}
};
main()
{
    int i;
    _____             //定义结构体指针
                                 // 即 p=&con[0]
    printf("\n名次    国家    金牌    银牌    铜牌    总数 \n");
```

```
    printf ( "------------------------------------\n" );
    for ( ; p<_____; p++ )
    {
        printf(" %-8s%-8s%-8d%-8d%-8d%-8d",_____,_____,_____,_____,
_____,_____);
        printf ( "\n" ); /* 换行 */
    }
}
```

任务总结

(1)记录易错点。

_____

_____

(2)通过完成以上任务,你有哪些心得体会?

_____

_____

任务拓展

编写程序,使用 for 循环和结构体指针,将表 8-7 中 5 名学生 3 门学科的成绩有序输出。

表 8-7 5 名学生 3 门学科的成绩

姓名	C 语言	数据库	图形图像处理
杨冬冬	75	98	89
韩芳	70	82	65
丁慧慧	67	77	95
王卓	95	87	92
周龙	89	85	90

(1)请你写出针对上述问题的程序设计思路。

_____

_____

_____

_____

（2）源代码的设计如下。

_____

_____

_____

_____

_____

_____

_____

【二维码 8-6-3】

项目复盘

通过个人自评、小组互评、教师点评，从三方面对本项目内容的学习掌握情况进行评价，并完成考核评价表。考核评价表见表 8-8。

表 8-8　考核评价表

序号	评价项目	评价内容	分值	自评 (30%)	互评 (30%)	师评 (40%)	合计
1	职业素养 (30 分)	分工合理，制订计划能力强，严谨认真	5				
		爱岗敬业，具有安全意识、责任意识、服从意识、环保意识	5				
		能进行团队合作，与同学交流沟通、互相协作、分享能力	5				
		遵守行业规范、现场 6S 标准	5				
		主动性强，保质保量完成工作页相关任务	5				
		能采取多样化手段收集信息、解决问题	5				
2	专业能力 (60 分)	认识指针和指针变量	5				
		理解指针运算符的使用	5				
		掌握指向普通变量的指针	10				
		掌握指向一维数组的指针变量	10				
		能使用指针变量处理字符串	10				
		掌握指向二维数组的指针变量	10				
		了解指针与结构体之间的关系	5				
		能使用指针处理结构体相关数据	5				

续表

序号	评价项目	评价内容	分值	自评 (30%)	互评 (30%)	师评 (40%)	合计
3	创新意识 (10 分)	创新性思维和行动	10				
	合计		100				
评价人签名:					时间:		

项目达标检测

【项目八达标检测二维码】

一、选择题

1. 以下叙述中错误的是(　　　)。

A. 语句"int *p;"中的 *p 的含义是定义一个指针变量

B. 指针变量和普通变量相似,其值是可变的

C. 所有指针变量都用于存放地址值,因此指针变量与目标类型无关

D. "int i, *p=&i;"是正确的 C 语言定义形式

2. 有以下语句,要改变变量 h 的值,方法错误的是(　　　)。

```
int h=32,*p=&h;
```

A. h=62;　　　　　B. *p=62;　　　　　C. h=h+30;　　　　　D. p=32;

3. 执行程序段后 b 的值是(　　　)。

```
int a=5,b=10,*p=&b;
b=(* p+a)%2;
```

A. 1　　　　　B. 2;　　　　　C. 11　　　　　D. 10

4. 有如下定义,则数值为 9 的表达式是(　　　)。

```
int a[10]={1,2,3,4,5,6,7,8,9,10},* p=a;
```

A. *p+9　　　　　B. *(p+8)　　　　　C. *p+=9　　　　　D. p+8

二、程序分析题

1. 以下程序的输出结果是＿＿＿＿＿＿。

```
#include<stdio.h>
main()
{
    int i,s=1,t[]={2,4,6,8,10};
```

```
for(i=0;i<5;i+=2)
s* =* (t+i);
printf("%d\n",s);
}
```

2. 以下程序段的输出结果是_____。

```
#include<stdio.h>
main()
{
    char arr[]="abcde",*p=arr;
    for(;p<arr+5;p++)
    printf("%s\n",p);
}
```

三、程序设计题

1. 从键盘输入 10 个学生的成绩，使用指针法找出其中的最高成绩和最低成绩。

2. 用指针法向有序数组中插入数据。要求在一维数组 a[7]={10，20，30，40，50，60}中插入任一整数后，数组仍保持升序排列。

【项目八所有答案解析】

附录1 基本字符 ASCII 码表（0～127）

ASCII 码值	字符	ASCII 码值	字符	ASCII 码值	字符	ASCII 码值	字符
0	（空字符）	25	↓	50	2	75	K
1	☺	26	→	51	3	76	L
2	☻	27	←	52	4	77	M
3	♥	28	∟	53	5	78	N
4	♦	29	↔	54	6	79	O
5	♣	30	▲	55	7	80	P
6	♠	31	▼	56	8	81	Q
7	（蜂鸣符）	32	（空格符）	57	9	82	R
8	■	33	!	58	:	83	S
9	（Tab 键）	34	"	59	;	84	T
10	（换行符）	35	#	60	<	85	U
11	♂	36	$	61	=	86	V
12	♀	37	%	62	>	87	W
13	（回车符）	38	&	63	?	88	X
14	♫	39	'	64	@	89	Y
15	☼	40	(	65	A	90	Z
16	►	41	)	66	B	91	[
17	◄	42	*	67	C	92	\
18	↕	43	+	68	D	93	]
19	‼	44	,	69	E	94	^
20	¶	45	–	70	F	95	_
21	§	46	.	71	G	96	`
22	▬	47	/	72	H	97	a
23	↨	48	0	73	I	98	b
24	↑	49	1	74	J	99	c

续表

ASCII 码值	字符	ASCII 码值	字符	ASCII 码值	字符	ASCII 码值	字符
100	d	107	k	114	r	121	y
101	e	108	l	115	s	122	z
102	f	109	m	116	t	123	{
103	g	110	n	117	u	124	|
104	h	111	o	118	v	125	}
105	i	112	p	119	w	126	~
106	j	113	q	120	x	127	⌂

附录 2　运算符表

序号	类别	运算符	说明	优先级	备注
1	初等运算符	（）［ ］ -> 。		1	
2	自增、自减运算符	++ --		2	单目运算，右结合性
3	强制类型转换符	(类型)			
4	取地址运算符	&			
5	取值运算符	*			
6	求字节数运算符	sizeof(类型 or 变量)			
7	算术运算符	-	负号	2	单目运算，右结合性
		* / %		3	
		+ -		4	
8	左移、右移运算符	>> <<		5	
9	关系运算符	> >= < <=		6	
		== ! =		7	
10	位运算符	~	按位取反	2	单目运算，右结合性
		&	按位与	8	
		^	按位异或	9	
		|	按位或	10	
11	逻辑运算符	!	逻辑非	2	单目运算，右结合性
		&&	逻辑与	1	
		||	逻辑或	12	
12	条件运算符	?:	三目运算	13	右结合性
13	赋值运算符	=		14	右结合性
		+= -= * = / = % =	复合赋值		
		>>= <<= ^= | =			
14	逗号运算符	,		15	

【说明】

（1）初等运算符优先级最高，逗号运算符优先级最低。

（2）备注中未标注的均为双目运算符，具有左结合性。

（3）优先级相同的运算符的运算次序由结合方向决定；优先级不同的运算符的运算次序按优先级由高到低排列。

附录 3　常用 C 库函数表

1. 常用的数学函数(头文件名：math. h)

序号	函数类别	函数原型	功能
1	绝对值	int abs(int x)	求整数 x 的绝对值
		double fabs(double num)	求 num 的绝对值
2	指数 e^x	double exp(double x)	求 e 的 x 次幂
3	对数	double log(double x)	计算 x 的自然对数(以 e 为底)
		double log10(double x)	计算 x 的常用对数(以 10 为底)
4	x^y	double pow(double x, double y)	计算以 x 为底数的 y 次幂
5	余数	double fmod(double x, double y)	求 x/y 的余数
6	平方根	double sqrt(double x)	求 x 的平方根，要求 x>0
7	三角函数	double sin(double x)	求 x 的正弦函数
		double cos(double x)	求 x 的余弦函数
		double tan(double x)	求 x 的正切数值

【说明】三角函数中的参数 x 应为弧度数，而不应是角度数。

$$弧度数=角度数×π/180$$

2. 有关随机数函数(头文件名：stdlib. h)

序号	函数原型	功能
1	void srand(unsigned seed)	产生随机数的起始发生数据
2	int rand( )	产生一个随机数(0~32 767)

【说明】

(1)如果不使用 srand( )函数产生随机数的起始发生数据，则每次运行程序都将产生相同的随机序列。

(2)随机数种子 seed 的选取最好与时间有关，因为即使 seed 相同，也会产生相同的随机数序列。

(3)如果要产生 2 位的随机整数，可以使用 rand( )%100，其他依此类推。

3. 常用字符函数(头文件名：ctype. h)

序号	函数原型	功能
1	int isalpha(int ch)	测试参数是否为大、小写字母字符
2	int islower(int ch)	测试参数是否是小写字母字符
3	int isupper(int ch)	测试参数是否是大写字母字符
4	int isdigit(int ch)	测试参数是否为数字0~9字符

4. 常用字符串函数(头文件名：string. h)

序号	函数原型	功能
1	char * streat(char * dest, char * src)	将源串 src 连接到目标串 dest 的尾部
2	int strcmpy(char * str1, char * str2)	字符串 str1 和字符串 str2 进行比较
3	char * strcpy(char * dest, char * src)	将源串 src 复制到字符串 dest 中
4	int strlen(char * s)	计算字符串 s 的长度

5. 常用输入输出函数(头文件名：stdio. h)

序号	函数类别	函数原型	功能
1	读入字符	int getchar(void)	从标准输入流读取一个字符
		int getch(void)	从控制台读取一个字符，但不显示在显示器上(头文件名：conio. h)
		int fgetc(FILE * fp)	从文件的当前位置读取一个字符
	写出字符	int putchar(int ch)	把字符 ch 写到显示器上
		int fputc(int ch, FILE * fp)	在文件的当前位置写入一个字符
2	读字符串	char * gets(char * str)	从键盘上读取字符串，遇回车符结束
		char * fgets(char * str, int num, FILE * fp)	从文件的当前位置读取一行字符，该行的字符数不大于 num-1
	写字符串	int puts(char * str)	把字符串 str 输出到显示器上
		int fputs(char * str, FILE * fp)	在文件的当前位置写入一个字符串
3	格式输入	int scanf(char * format, arg_list)	从标准输入流中格式化读取数据
		int fscanf(FILE * fp, char * format, …)	从文件流中格式化读取数据
	格式输出	int printf(char * format, arg_list)	将数据格式化后输出到显示器上
		int fprintf(FILE * fp, char * format, …)	向文件的当前位置写入格式化信息

续表

序号	函数类别	函数原型	功能
4	输入数据	int fread(void sbuf, int size, int count, FILE * fp)	从文件的当前位置开始中读取 size * count 个字节的数据
	输出数据	int fwrite(void * buf, int size, int count, FILE * fp)	从文件的当前位置开始写入 size * count 个字节的数据
5	文件定位	int fseek(FILE * fp, LONG offset, int origin)	将文件位置指针指向 origin 所指位置的向后 offset 个字节处
		int rewind(FILE * fp)	将文件位置指针定位到文件开始处
		long ftell(FILE * fp)	返回文件位置指针在文件流中的位置
6	文件结束	int feof(FILE * stream)	检测文件位置指针是否指向文件结尾处
7	打开/关闭文件	FILE * fopen(char * filename, char * mode)	打开一个文件
		int fclose(FILE * fp)	关闭一个文件

6. 常用动态存储分配函数头(文件名 alloc. h)

函数类别	函数原型	功能
内存分配	void * malloc(size_t size)	分配一个大小为 size 的内存空间,并返回首地址
	void * realloc(void * block, size_t size)	改变已分配内存的大小,由指针 block 所指内存空间大小更新为 size
	void * calloc(unsigned num, unsigned size)	分配 num 个长度为 size 的内存空间并返回所分配内存空间的首地址
内在释放	void free(void * ptr)	释放由指针变量 ptr 所指的内存空间

7. 其他

序号	函数原型	头文件名	功能
1	int system(const char * command);	stdlib. h	执行一条由 command 指定的 MSDOS 命令。例:"system("cls");",其作用是清屏
2	time_t time(time_t * timer);	time. h	计算从格林尼治时间 1970 年 1 月 1 日 00 时 00 分 00 秒到当前为止所经过的秒数,并将结果保存在 timer 中;当 timer 为 NULL 时,只返回所获得的秒数。例:time_t t=time(0);
3	void sleep(unsigned seconds);	dos. h	将程序挂起 seconds 秒的时间